Ulrich Seiffert · Fahrzeugsicherheit

Fahrzeugsicherheit

Personenwagen

Prof. Dr.-Ing. Ulrich Seiffert VDI

Die Deutsche Bibliothek — CIP-Einheitsaufnahme

Seiffert, Ulrich:
Fahrzeugsicherheit: Personenwagen / Ulrich Seiffert.
Düsseldorf: VDI-Verl., 1992
   ISBN 978-3-540-62368-7   ISBN 978-3-642-95819-9 (eBook)
   DOI 10.1007/978-3-642-95819-9

Herstellung: pro serv, Berlin
Satz: K+V Fotosatz GmbH, Beerfelden

ISBN 978-3-540-62368-7

Vorwort

Die Fahrzeugsicherheit ist nicht nur aus humanitären und gesellschaftspolitischen Gründen ein wichtiges Gebiet der Technik, sondern stellt wegen der erforderlichen intensiven Forschung auf dem Gebiet der menschlichen Verhaltensweise, der Biomechanik, der Unfallanalyse sowie wegen der technisch anspruchsvollen Lösungen eine faszinierende Aufgabe für den Ingenieur dar. Das Bewußtsein, durch sein Mitwirken schwere oder tödliche Verletzungen vermieden zu haben, ist für ihn eine ständige Herausforderung.

In den letzten Jahren ist die Fahrzeugsicherheit wieder stark in den Vordergrund gerückt. Die ersten wesentlichen Arbeiten sind in den fünfziger und sechziger Jahren entstanden. Nach intensiver Bearbeitung anderer Schwerpunkte, wie Umweltschutz, Kraftstoffverbrauchsreduzierung usw., werden die Arbeiten auf dem Gebiet der vorbeugenden und der unfallfolgenmildernden Sicherheit wieder intensiv weitergeführt.

Nachdem ich bereits 1984 in einer VDI-Schriftenreihe eine zusammenfassende Arbeit über die unfallfolgenmildernde Sicherheit veröffentlicht habe, ist angesichts der vielen Aktivitäten auf dem Gebiet der Fahrzeugsicherheit eine neue Publikation notwendig geworden, worin einige Aspekte der Unfallvorbeugung neu aufgenommen und die neuesten Erkenntnisse auf dem Gebiet der Unfallfolgenmilderung verarbeitet sind.

Einen wesentlichen Anteil an der Entstehung des Manuskriptes hat Herr Dipl.-Ing. HARALD WESTER, der diese Aufgabe mit großem Engagement wahrgenommen hat. Die graphische Gestaltung der Bilder lag in den Händen von Frau JUTTA DOMMSCHACK. Hierfür sei ihnen herzlich gedankt.

Wolfsburg, im August 1992   ULRICH SEIFFERT

Inhalt

VIII

1 Einführung

Die Geburtsstunde des Automobils liegt mehr als einhundert Jahre zurück. Trotz vieler positiver Aspekte ist das Verhältnis zu diesem Transportmittel häufig zwiespältig. Wir sind es gewohnt, daß das Automobil jederzeit zuverlässig zur Verfügung steht. Wie kaum ein anderes Industrieerzeugnis ist es gleichzeitig ein Symbol für den technischen Fortschritt und damit Gegenstand vieler Diskussionen.

Mit einem Marktanteil von mehr als 80% an der gesamten Personentransportleistung ist die Aufgabe, auch wegen des steigenden Mobilitätsbedarfs, für den Automobilingenieur zunehmend komplexer geworden. Noch während der fünfziger Jahre hat Prof. KOESSLER, Leiter des Institutes für Fahrzeugtechnik an der TU Braunschweig, die Aufgabe für den Automobilentwickler wie folgt definiert: „Die Fahrzeuge müssen so konstruiert und hergestellt werden, daß sie ein Transportgut möglichst schnell, sicher und komfortabel von einem Punkt A zu einem Punkt B bewegen können".

Seitdem sind die Anforderungen deutlich gestiegen. Bild 1 zeigt die widersprüchlichen Forderungen. Hohe Fahrzeugsicherheit bei niedriger Fahrzeugmasse, erhöhter Komfort, niedriger Kraftstoffverbrauch, geringstmögliche Ab-

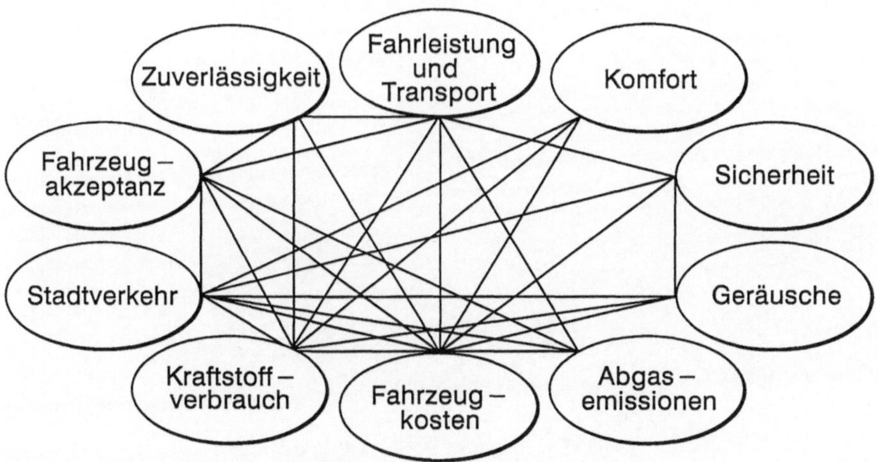

Bild 1. Anforderungen an das Automobil.

gas- und Geräuschemissionen, hohe Qualität und unverändert hohe Transportleistung, sowohl in bezug auf Raumangebot als auch auf Fahrleistung. In jüngster Zeit wächst zudem das Bedürfnis nach mehr Individualität, d. h., man möchte sich mit dem Fahrzeug auch darstellen. Ein Beispiel ist der wachsende Trend zum Freizeitfahrzeug. All diese positiven Aspekte dürfen aber nicht darüber hinwegtäuschen, daß es auch eine wachsende Anzahl von Menschen gibt, die das Automobil prinzipiell ablehnen und daß die Probleme des ruhenden und „nicht fließenden" Verkehrs ständig wachsen [1].

Besonders schwierig ist es, die wachsenden Bedürfnisse ohne gleichzeitigen Anstieg der Kosten zu befriedigen. Hier hilft nur die aktive Zusammenarbeit aller am Entwicklungsprozeß beteiligten Bereiche, wie Entwicklung, Einkauf, Produktion und Finanzen, um durch Effizienzsteigerung die Herstellkostensteigerung gering zu halten.

Die Fahrzeugsicherheit ist inzwischen ein wesentlicher und zentraler Bestandteil der Fahrzeugentwicklung geworden. Sie umfaßt viele Facetten und fast alle Fahrzeugbauteile. Der Wunsch nach Sicherheit in einer insgesamt aggressiver werdenden Umwelt wächst, wobei dieses Bedürfnis sich auf alle Lebensbereiche und nicht nur auf den Verkehrsbereich bezieht. Im folgenden sollen die Entwicklung, der erreichte Stand der Fahrzeugsicherheit und einige Zukunftsarbeiten erläutert werden.

2 Einflüsse auf die Fahrzeugsicherheit

2.1 Gesetzgebung

Mit wachsendem Verkehr wurden die gesetzgebenden Organe fast zwangsläufig zu einem sehr frühen Zeitpunkt mit den wichtigen Fragen der Verkehrssicherheit konfrontiert. Es ist daher nicht verwunderlich, daß die ersten Anforderungen an die Leistungsfähigkeit von Fahrzeugen bei einem Unfall bis in das Jahr 1832 zurückgehen. Damals wurden Vorschriften, und zwar erstmals in England, für einen dampfbetriebenen Omnibus erlassen, der zur Personenbeförderung eingesetzt war. Nahezu parallel mit der Fahrzeugentwicklung wurde durch die schnell wachsende Anzahl der Kraftfahrzeuge, die ungewöhnliche Art der Fortbewegung und das Ausmaß auftretender Unfälle der Ruf nach einer verstärkten Gesetzgebung laut. In Deutschland galt z. B. der Entwurf des Gesetzes über die Haftpflicht beim Betrieb von Fahrzeugen zusammen mit ergänzenden Richtlinien [2] als erster Ansatz einer Gesetzesverordnung. Die folgende Straßenverkehrszulassungsordnung (StVZO) enthielt jedoch nur wenige Vorschriften für die Konstruktion eines Automobiles. Sie räumte dem Automobilbauer ein hohes Maß an persönlicher Verantwortung und konstruktiver Freiheit ein.

Den gesetzgebenden Organen kommt in der Frage der Verkehrssicherheit deshalb eine so große Bedeutung zu, weil sie für die drei Gebiete Verkehrsführung (Straße, Signalgebung), Erziehung der Verkehrsteilnehmer und Leistungsfähigkeit der Kraftfahrzeuge verantwortlich sind. Optimal sind Vorschriften, die nicht die Konstruktion direkt, sondern die Leistungsfähigkeit des Fahrzeuges bei bestimmten Prüfkriterien beschreiben. Nur solche Vorschriften fördern die Kreativität der Entwickler und den Wettbewerb verschiedener Ideen.

Bezüglich der Automobilgesetzgebung wurde weltweit von unterschiedlichen Voraussetzungen ausgegangen. Zum Beispiel waren die Verantwortlichen in den USA der Meinung, daß die Verkehrsteilnehmer, speziell die Fahrzeugführer, nur in geringem Maße erzogen werden können und deshalb die Insassen durch geeignete Bauweise des Fahrzeuges vor den Folgen eines Unfalles zu schützen sind. An die zweite Stelle der Prioritätenfolge wurden in den USA die Maßnahmen zur Vermeidung von Unfällen gesetzt. Im Gegensatz dazu wurde dem Fahrzeugführer in Europa ein wesentlich größeres Maß an Verantwortung auferlegt, so daß der Schwerpunkt der Maßnahmen zunächst darauf abzielte, Unfälle zu verhindern.

Anfang bis Mitte der sechziger Jahre hatte die Anzahl der Unfälle mit schweren und tödlichen Verletzungen in den USA eine solche Größe erreicht, daß die amerikanische Regierung einschneidende gesetzliche Rahmenbedingungen erlassen mußte. Im November 1966 wurden im „Motor Vehicle Safety Act" (Automobilsicherheitsgesetz) [3] detaillierte Anforderungen an Prüfverfahren für

Tabelle 1. US Motor Vehicle Safety Act.

Verordnung Nr.	Inhalt
101	Anordnung, Kennzeichnung und Beleuchtung der Bedienungseinrichtungen
102	Getriebeschaltschema, Anlassersperre, Getriebebremswirkung
103	Windschutzscheiben, Enteisung und Beschlagentfernung
104	Windschutzscheibenwischer- und -waschersystem
105	Hydraulische Betriebsbremse, Notbremse und Feststellbremssysteme
106	Hydraulikbremsschlauch
107	Reflektierende Oberflächen
108	Leuchten, reflektierende Einrichtungen und verwandte Ausrüstungsgegenstände
109	Neue Luftreifen
110	Reifenauswahl und Felgen
111	Rückspiegel
112	Scheinwerfer-Abdeckvorrichtung
113	Haubenverschlußsysteme
114	Diebstahlsicherung
115	Sichtbarkeit der Fahrgestellnummer
116	Hydraulikbremsflüssigkeiten
118	Fenster mit Fremdkraftbetätigung
124	Fahrpedalsysteme
201	Schutz der Insassen bei Aufschlag gegen die Wageninnenseite
202	Kopfstützen
203	Aufprallschutz des Fahrers vor der Lenkeinrichtung
204	Verschiebung der Lenkeinrichtung entgegen der Fahrtrichtung
205	Verglasungswerkstoffe
206	Türschlösser, Türscharniere und Türverriegelungen
207	Sitzverankerungen, Sitzfestigkeit
208	Insassenschutz-Systeme
209	Sicherheitsgurtzusammenbauten
210	Verankerungen für Sicherheitsgurte
211	Radmuttern, Radzierringe und Radkappen
212	Windschutzscheibeneinbau
213	Kinderrückhaltesysteme
214	Festigkeit der Seitentüren, Insassenschutz bei Seitenkollisionen
216	Dacheindrückschutz
219	Windschutzscheibenschutzbereich
301	Unversehrtheit der Kraftstoffanlage
302	Schwerbrennbarkeit von Innenmaterial

Fahrzeugvorschriften festgelegt, die das Verhalten des Fahrzeuges im Alltagsbetrieb und bei Unfällen betreffen. Damit hatte sich ein entscheidender Wandel in der Gesetzgebung vollzogen. Neben den schon bestehenden wurden nun exakt spezifizierte Anforderungen an bestimmte Fahrzeugbauteile und an das Gesamtfahrzeug definiert. Tabelle 1 zeigt die Gesetze in den USA, die auf Grund des „Motor Vehicle Safety Act" unter dem Punkt 571 für Pkw gültig sind (Stand von 1991).

Mit wachsender Verkehrsdichte wuchs auch in den übrigen Industrieländern das Bedürfnis, die Grundsätze der Fahrzeugsicherheitsanforderungen zu regeln. Bild 2 zeigt das enorme Wachstum gesetzlicher Anforderungen an das Automobil in einigen Ländern. In Europa traten zunächst nationale, später ECE-(Economic Commission for Europe) Reglements [4] und inzwischen die Direktiven der Europäischen Gemeinschaft [5] in Kraft. In Tabelle 2 sind die Titel der zur Anwendung kommenden sicherheitsrelevanten EG-Direktiven aufgelistet.

Durch die mangelhafte Transparenz dessen, was an Sicherheit in den Fahrzeugen vorgesehen war und die Schwierigkeit, dies der Öffentlichkeit nahezubringen, entstand vor allem in den Industriestaaten zeitweilig der Eindruck, daß vor Einführung der sicherheitsbezogenen Gesetzgebung nicht sehr viel für die Fahrzeugsicherheit getan worden war. Sicher waren die Aktivitäten bei den Fahrzeugherstellern unterschiedlich und sind es auch heute noch. Es gab und gibt

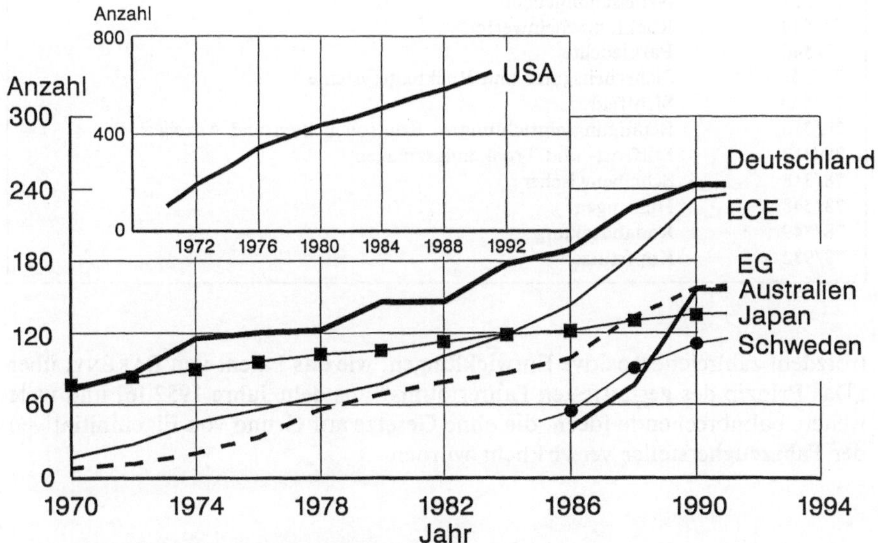

Bild 2. Zunahme der gesetzlichen Anforderungen.

Tabelle 2. Richtlinien der Europäischen Gemeinschaft zur Fahrzeugsicherheit.

Richtlinie Nr.	Inhalt
70/221	Kraftstoffbehälter, Unterfahrschutz
70/222	Anbringung der amtlichen Kennzeichen
70/311	Lenkanlagen
70/387	Türschlösser, Türscharniere
70/388	Einrichtung für Schallzeichen
71/127	Rückspiegel
71/320	Bremsanlagen
72/245	Funkentstörung
74/60	Teile im Insassenraum
74/61	Sicherungseinrichtung gegen unbefugte Benutzung
74/297	Verhalten der Lenkanlage bei Unfallstößen
74/408	Sitze und ihre Verankerung
74/483	Vorstehende Außenkanten
75/443	Rückwärtsgang, Geschwindigkeitsmeßgerät
76/114	Fahrgestell-Nr., Schilder
76/115	Verankerung der Sicherheitsgurte
76/756	Anbau der Beleuchtungseinrichtungen
76/757	Rückstrahler
76/758	Begrenzungsleuchte und SBBR-Leuchten
76/759	Fahrtrichtungsanzeiger
76/760	Hintere Kennzeichenbeleuchtung
76/761	Kfz-Scheinwerfer
76/762	Nebel-Scheinwerfer
77/389	Abschleppeinrichtung
77/538	Nebelschlußleuchte
77/539	Rückfahrscheinwerfer
77/540	Parkleuchte
77/541	Sicherheitsgurte und Rückhaltesysteme
77/649	Sichtfeld
78/316	Betätigungseinrichtungen, Kontrolleuchten und Anzeiger
78/317	Entfrost- und Trocknungsanlagen
78/318	Scheibenwischer
78/548	Heizungen
78/549	Radabdeckung
78/932	Kopfstützen

trotzdem zahlreiche positive Entwicklungen, wie das Patent von BARÉNYI über „Das Prinzip des gestaltfesten Fahrerraums" aus dem Jahre 1952 [6] und viele weitere bahnbrechende Ideen, die ohne Gesetze auf Grund von Eigeninitiativen der Fahrzeughersteller verwirklicht wurden.

2.2 Verbraucherinformation

Zusätzlich zur Gesetzgebung und der damit zusammenhängenden Überwachung der Fahrzeuge bei der Typprüfung oder bei der Serienproduktion gibt es zahlreiche Verbraucherinformationen über das Unfallverhalten einzelner Fahrzeuge im Alltagsbetrieb. Sie lassen sich in drei Kategorien einteilen:

- Information über das Unfallverhalten durch Unfallanalysen großer Versicherungen,
- Prüfung der Fahrzeuge in Aufpralltests bei erhöhten Geschwindigkeiten (im Vergleich zu den Insassenanforderungen durch den Gesetzgeber),
- Tests durch Verbraucherschutzorganisationen, wie z. B. vom ADAC [7] oder von Automobiljournalisten initiierte Unfallsimulationsversuche.

So veröffentlicht das IIHS (Insurance Institute for Highway Safety) [8] in den USA jedes Jahr eine Statistik der Getöteten als Funktion des Radstandes der Unfallfahrzeuge. Bild 3 zeigt die Auswertung für die in den Jahren 1984 bis 1988 zugelassenen Fahrzeuge, allerdings als Funktion der Fahrzeugmasse. Es sind deutliche Unterschiede herauszulesen, die in der Hauptsache davon abhängen, inwieweit eine konsequente Sicherheitsentwicklung ein integraler Bestandteil des Entwicklungsprozesses ist. In diese Statistik gehen nicht nur die Fakten der Unfallfolgenmilderung, sondern auch die der Unfallvorbeugung und der unterschiedlichen Fahrercharakteristika (Alter, Geschlecht usw.) ein. Alle Fahrzeuge unterhalb der eingezeichneten Linie verhalten sich statistisch deutlich

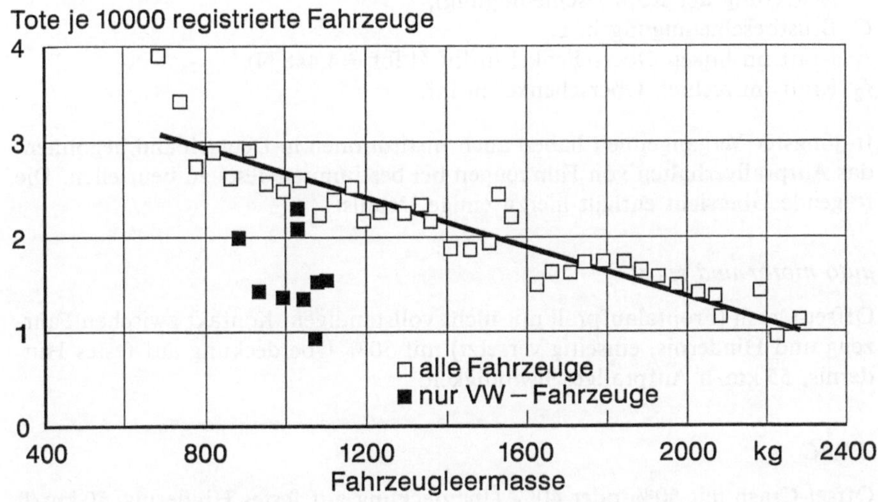

Bild 3. Getötete Fahrzeuginsassen als Funktion der Fahrzeugleermasse.

besser, als man es auf Grund ihrer Masse und damit einer bestimmten Größe erwarten durfte. Bei den Fahrzeugen oberhalb der Linie ist es genau umgekehrt.

Andere Statistiken werden in Schweden und Deutschland durch die Versicherungsgesellschaft Folksam und den HUK-Verband [9] erstellt. Speziell die schwedischen Folksamdaten erlauben detaillierte Analysen, da viele Einzelheiten des Unfallablaufes erfaßt sind, z. B. eine genaue Beschreibung der Verletzungen und der Verletzungsschwere am Kopf, Brust oder Becken. Demgegenüber findet sich in anderen Statistiken häufig nur die Unterscheidung in Unverletzte, Verletzte und Getötete.

Eine spezielle Information über das Verhalten eines Fahrzeuges beim Aufprall auf ein festes Hindernis mit erhöhter Geschwindigkeit, bezogen auf die gesetzliche Mindestnorm, zeigt die NHTSA (National Highway Traffic Safety Administration) [10]. Zur Verbraucherinformation werden die Fahrzeuge mit 35 mph $\triangleq$ 56,3 km/h anstatt mit 30 mph $\triangleq$ 48,3 km/h frontal gegen ein festes Hindernis gefahren. Die Beurteilung wird nach einem sogenannten Crashindex vorgenommen, der wie folgt definiert ist:

Crashindex $= D + P$ (Driver and Passenger)

mit

$$D = h + 16,7 \cdot 0,75 \; C + 0,44 \cdot 0,25 \; f_1 + 0,44 \cdot 0,25 \; f_2 \; , \tag{1}$$

$$P = 1/2 \, (h + 16,7 \cdot 0,75 \; C + 0,44 \cdot 0,25 \; f_1 + 0,44 \cdot 0,25 \; f_2) \; ; \tag{2}$$

h HIC-Wert (Head Injury Criterion, Maß für Kopfverletzungsschwere durch Bewertung der Kopfbeschleunigung),
C Brustbeschleunigung in g,
f_1 Kraft im linken Oberschenkel in lbf (1 lbf = 4,448 N),
f_2 Kraft im rechten Oberschenkel in lbf.

In jüngster Vergangenheit haben auch Institutionen in Deutschland begonnen, das Aufprallverhalten von Fahrzeugen bei bestimmten Tests zu beurteilen. Die folgende Übersicht enthält hierzu einige Details:

auto motor und sport

Offset-Crash (Frontalaufprall mit nicht vollständigem Kontakt zwischen Fahrzeug und Hindernis, einseitig versetzt) mit 50% Überdeckung auf festes Hindernis, 55 km/h Aufprallgeschwindigkeit.

ADAC

Offset-Crash mit 50% oder 40% Überdeckung auf festes Hindernis, 50 km/h Aufprallgeschwindigkeit und/oder Fahrzeug-Fahrzeug-Seitenaufprallversuche entsprechend amerikanischer oder europäischer Gesetze bzw. Diskussionsvorschläge.

Da diese Versuche zusätzlich zu den gesetzlich geforderten Tests durchgeführt werden, müssen die Konstrukteure darauf achten, daß durch gezielte Entwicklungen und konstruktive Änderungen, die auf Grund dieser Tests notwendig werden, die Gesamtfahrzeugsicherheit nicht negativ beeinflußt wird. Das heißt z. B auch, daß durch zusätzliche Verstärkungsmaßnahmen der Partnerschutz (beim Aufprall gegen ein anderes Fahrzeug) oder auch der Schutz der eigenen Person bei einer Vielzahl anderer möglicher Unfallarten nicht beeinträchtigt werden darf.

2.3 Stand der Technik, Produkthaftung

Ein weiterer wichtiger Impuls für die sicherheitstechnische Entwicklung moderner Kraftfahrzeuge ging von der amerikanischen Rechtsprechung zur Produkthaftung aus. In den USA übernimmt der Fahrzeughersteller für die gesamte Fahrzeuglebensdauer auch bei Unfällen eine Mitverantwortung, sofern das betroffene Fahrzeug nicht dem Stand der Technik entspricht. Diese Gesetzesauslegung ist inzwischen, wenn auch in abgewandelter Form, auf Europa übertragen worden.

Die Gesetzgebung, das öffentliche Interesse, vor allem aber auch der Ehrgeiz der Ingenieure garantieren die Weiterentwicklung der Fahrzeugsicherheit.

3 Gebiete der Automobilsicherheit

Die Fahrzeugsicherheit läßt sich in die im Bild 4 dargestellten Bereiche unterteilen. Dazu noch einige Begriffsdefinitionen:

- *Unfallvorbeugung* (umgangssprachlich = aktive Sicherheit)
  Alle Maßnahmen, die dem Zweck dienen, Unfälle zu vermeiden.
- *Unfallfolgenmilderung* (umgangssprachlich = passive Sicherheit)
  Alle Maßnahmen, die dem Zweck dienen, die Unfallfolgen zu minimieren.
- *Äußere Sicherheit*
  Gestaltung der Außenkontur eines Fahrzeuges mit dem Ziel, Verletzungen der Kollisionspartner zu minimieren.
- *Innere Sicherheit*
  Gestaltung von Fahrzeuginnenraum und -teilen, mit dem Ziel, Verletzungen der Insassen im Kollisionsfall zu minimieren.
- *Insassenrückhaltesysteme*
  Fahrzeugbauteile, die die Bewegung des Insassen relativ zum Fahrzeug gezielt beeinflussen.
- *Primärkollision*
  Kollision des Fahrzeuges mit einem Hindernis.
- *Sekundärkollision*
  Aufprall des Insassen gegen Fahrzeuginnenteile.
- *Aktive Sicherheitseinrichtungen*
  Sicherheits- und Rückhaltesysteme, die von Hand angelegt werden müssen (z. B. Sicherheitsgurte).
- *Passive Sicherheitseinrichtungen*
  Sicherheits- und Rückhaltesysteme, die im Falle eines schweren Unfalles automatisch/sensorisch aktiviert werden (z. B. Airbags), oder Gurte, die sich automatisch anlegen, z. B. durch das Schließen der Tür.

Zu den unfallvorbeugenden Maßnahmen zählen neben der Verhaltensweise des Fahrzeugführers auch ein „gutmütig-verzeihendes" Verhalten des Fahrzeuges in extremen Fahrsituationen, die Umwelteinflüsse, das Informationsangebot für den Fahrer, die Straßenverhältnisse und die Verkehrssituation, selbstverständlich auch der technisch einwandfreie Zustand des Fahrzeuges.

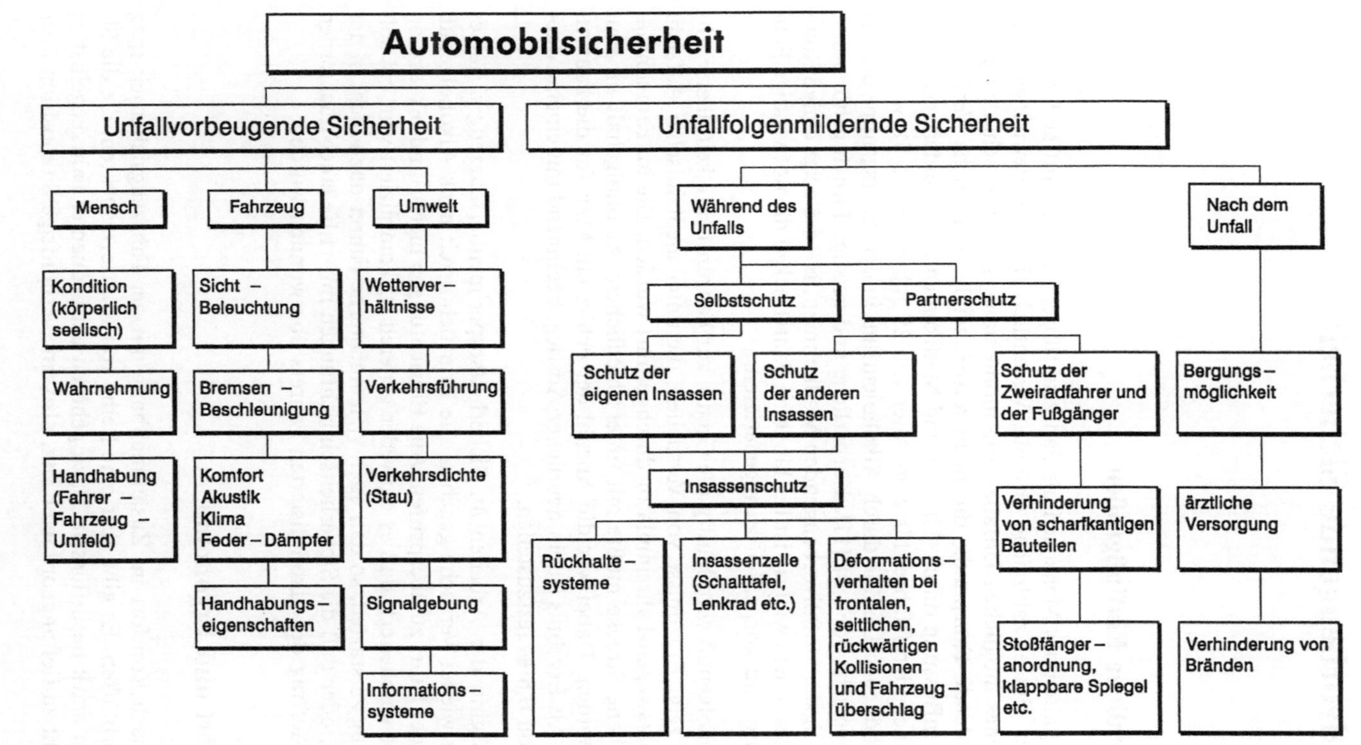

Bild 4. Bereiche der Automobilsicherheit.

4 Unfallvorbeugende Sicherheit

4.1 Menschliche Einflußgrößen

Das Fehlverhalten des Menschen als Fahrzeugführer ist eine häufige Unfallursache. Dafür gibt es zahlreiche Gründe. Wesentlich sind die Bewußtseinsverdrängung eines möglichen Unfalles, die momentane Selbstüberschätzung, die teilweise fehlende Fahrpraxis, die nicht ausreichende körperliche Verfassung und die Beeinflussung durch Alkohol und Medikamente. Besonders gefährdet sind jugendliche Kraftfahrer bis zum Alter von 25 Jahren (Bild 5), wobei der Anteil der tödlichen Unfälle durch Alkoholeinfluß in der Altersgruppe der 18- bis 25jährigen sehr hoch ist [11]. Körperliche und geistige Fitneß gehören mit zu den wichtigsten unfallvorbeugenden Maßnahmen. Bild 6 zeigt einige Komponenten. Besonders wichtig ist bei längeren Fahrstrecken die notwendige Pause, um geistig und körperlich zu regenerieren.

Durch Alkoholgenuß wird häufig die Grenze zur Fahruntüchtigkeit überschritten. Bild 7 zeigt Ergebnisse von Versuchen, die unter medizinischer Aufsicht mit dem Volkswagen-Fahrsimulator durchgeführt wurden. Die im Fahrsimulator vorgegebene Strecke mußte mit unterschiedlichem Alkoholgehalt im Blut absolviert werden. Dabei war die Anzahl der Fehler ein Maß für die Fahruntüchtigkeit. Als Ergebnis ist ein deutlicher Anstieg, beginnend mit einem Alkoholgehalt von 0,6‰ festzustellen.

Seit dem Beginn der Arbeiten an Sicherheitsexperimentierfahrzeugen hat es auch immer wieder Versuche gegeben, die Fahrtüchtigkeit nach Alkoholgenuß vor Antritt der Fahrt zu überprüfen. Alle Einrichtungen hierzu sind bis jetzt an der Tatsache gescheitert, daß es entweder generell zu kompliziert war, ein solches Fahrzeug zu starten, so daß auch viele nüchterne Fahrer dazu nicht in der Lage waren, oder daß die Sicherheitseinrichtungen mit Hilfe einer nüchternen Person im Auftrag des alkoholisierten Fahrers überwunden wurden.

4.2 Komfort und Ergonomie

Die Frage nach Komfort im Zusammenhang mit der Fahrzeugsicherheit mag zunächst verblüffen. Es gibt aber eine Reihe von Komfortaspekten, die die Sicherheit sehr stark beeinflussen. Dazu gehören ein bequemer Fahrzeugeinstieg und ein nicht zu tief angeordneter Sitz, also eine vernünftige Sitzposition über

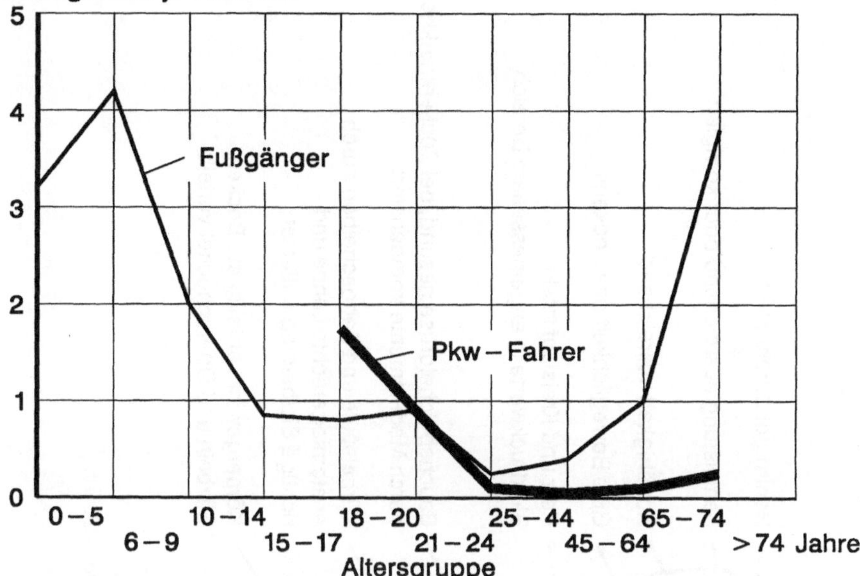

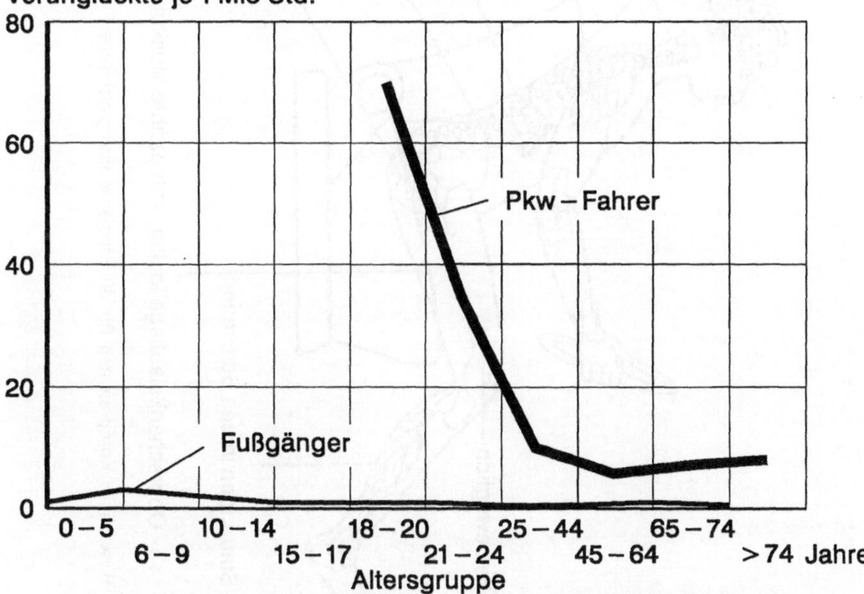

Bild 5. Altersgruppenabhängige Unfallraten von Fußgängern und Pkw-Fahrern im Jahr 1982 in der Bundesrepublik Deutschland [11].

13

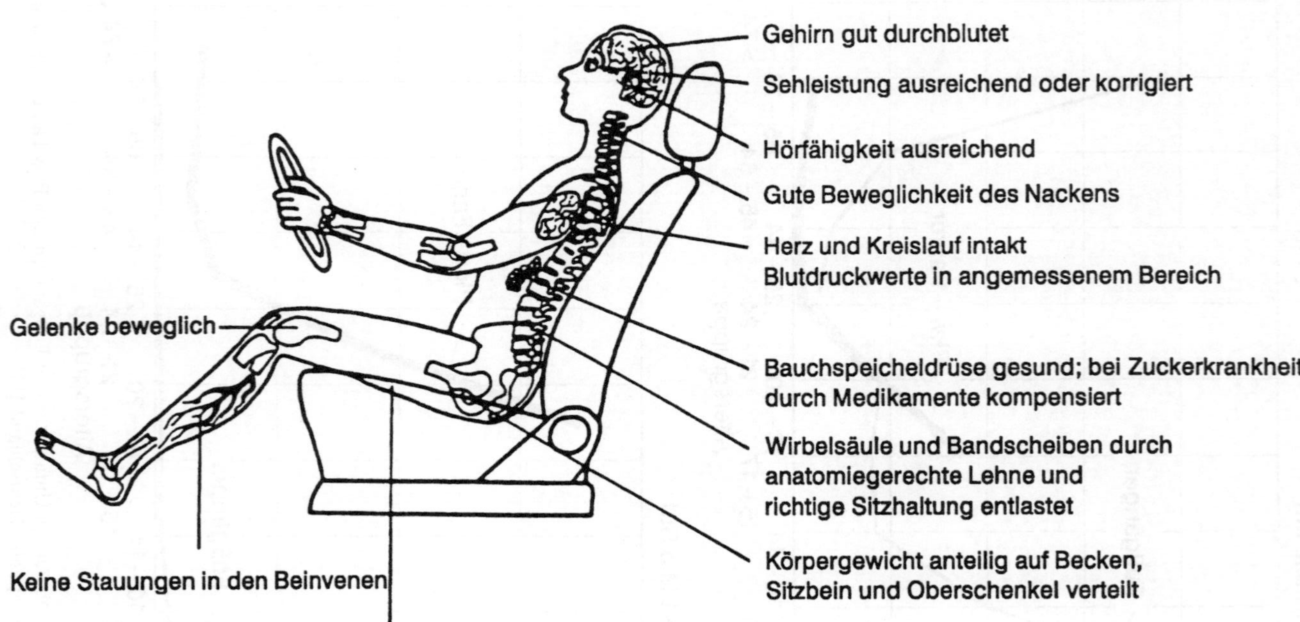

Bild 6. Wesentliche Komponenten für die physische und psychische Fitneß von Fahrern.

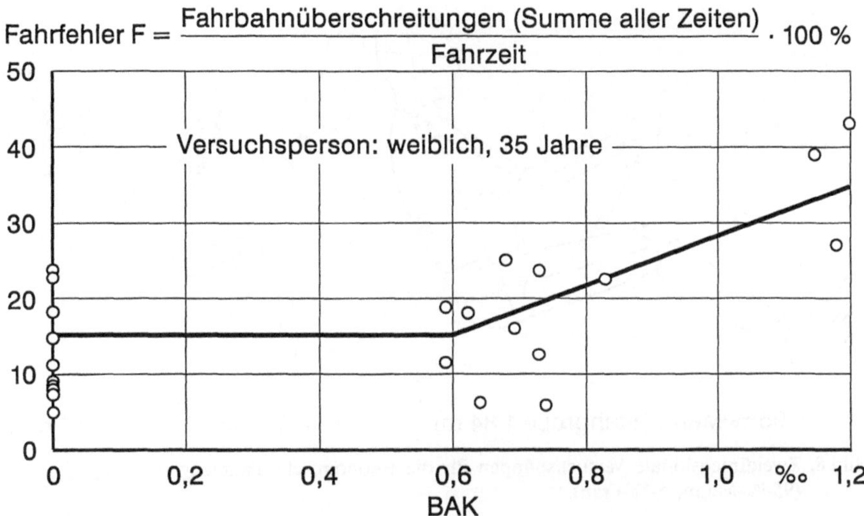

Bild 7. Fahrfehler als Funktion der Blutalkoholkonzentration (BAK).

der Fahrbahn mit horizontal und vertikal verstellbaren Sitzen (gegebenenfalls mit Lordosenstütze). Weitere Elemente, die für viele Automobilbesitzer heute zu den Selbstverständlichkeiten zählen, sind das fest mit dem Sitz verbundene Sicherheitsgurtschloß, in der Höhe verstellbare seitliche Gurtverankerungspunkte, ein in Höhe und Neigung verstellbares Lenkrad sowie einfach zu identifizierende und zu betätigende Schalter. Aber auch Kleinigkeiten sind oft von größerer Bedeutung. So ist es z. B. gefährlich, wenn sich der Fahrer zum Spiegeleinstellen nach vorne beugen muß, weil im Moment des Einstellvorganges Kopf und Augen nicht in der Fahrposition sind. Bei einer ergonomisch richtigen Lösung darf auch bei Spiegeleinstellung per Hand der Fahrer seine Sitzposition nicht verändern müssen. Die mitunter belächelte elektrische Spiegeleinstellung und die elektrische Betätigung von Scheiben und Schiebedächern sind vielen Fahrern ebenfalls eine echte Erleichterung und lenkt sie weniger vom Führen des Fahrzeuges ab, obwohl gerade in diesen Bereichen ein Kompromiß zwischen Komfort und Energieverbrauch gefunden werden muß.

Ganz wesentlich für das Wohlbefinden im Fahrgastraum ist die richtige Be- und Entlüftung der Fahrgastzelle. Ein schnelles Erreichen der gewünschten Temperatur und deren stabiles Halten wird von vielen Fahrern gefordert. Auch in Europa gibt es zahlreiche Tage mit höheren Temperaturen. Hierauf ist auch der vermehrte Wunsch nach Klimaanlagen in Europa zurückzuführen. Mit einer Kälteleistung von maximal 5,4 kW entspricht eine derartige Anlage auch in Fahrzeugen der Größe des VW Golf gängigen Anforderungen.

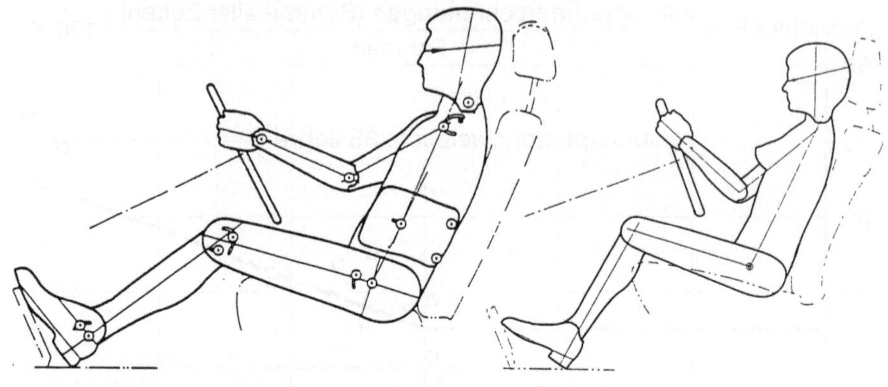

Bild 8. Zweidimensionale Versuchspuppen für die ergonomische Fahrzeugauslegung
(95-%-Mann, 5-%-Frau).

Auch der zunehmende Einbau einer Servolenkung zeigt das Bedürfnis, leicht
und schnell einparken zu können und ein sicheres Führen des Fahrzeuges bei
normalen Fahrgeschwindigkeiten zu garantieren. Der Anteil von Servolenkungen ist im VW Golf von 1986 bis 1991 von 6,3% auf 37% gestiegen.

Bei der ergonomischen Auslegung des Fahrzeuges geht man heute von zwei-
und dreidimensionalen Meßpuppen aus. Bild 8 zeigt in der Seitenansicht die
Silhouette einer 5%-Frau und eines 95%-Mannes, wie sie bei Volkswagen verwendet werden. Die Größenangaben bedeuten, daß 5% der weiblichen Bevölke-
rung kleiner oder gleichgroß als 1,51 m sind und 95% der Männer kleiner als
1,84 m sind. Von diesen Daten, z. B. der Hüftpunktachse, werden zahlreiche andere Maße abgeleitet, wie die Lage der Augenellipsen, die Bereiche für die
Sicherheitsgurtverankerungspunkte, die Lage des Lenkrades, die Sicht auf die
Instrumente und die Betätigungsfelder für die Bedieneinrichtungen. Bild 9
(s. Farbbildteil) zeigt in der Seitenansicht das optimale Feld für die Betätigung
des Lenkrades und der Pedalerie des Volkswagen-Transporters.

Die Augenellipsen, spezifiziert nach der amerikanischen Norm SAE J 941 [12],
repräsentieren die Lage der Augen von unterschiedlichen Fahrern in unterschiedlichen Sitzpositionen. Ausgehend von diesen Augenellipsen wird u. a. das Sichtfeld des Fahrers durch die Windschutzscheibe definiert. Zusätzlich zu den Sicht-
felduntersuchungen wird die Splittersicherheit von Windschutzscheiben entsprechend des Sicherheitsstandards der amerikanischen Verkehrsbehörde FMVSS 205
(Federal Motor Vehicle Safety Standard) unter Verwendung verschiedener Auf-
prallkörper überprüft. Besonders realitätsnah ist ein in den USA entwickelter
Kopfaufschlagtest, bei dem die Anzahl und Länge der Einschnitte in der Leder-

16

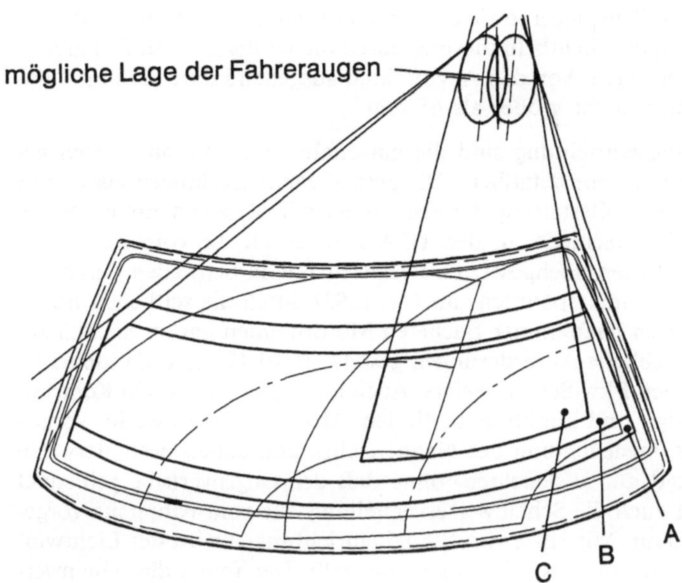

Bild 10. Sichtfelder beim VW Golf.

überzugshaut des Testkopfes bewertet werden. Neben den Anforderungen an das Sichtfeld sind eine Reihe von Vorschriften für die Glasqualität vorgegeben. Besonders wichtig ist die Begrenzung des Einfärbens. Im direkten Sichtbereich darf eine Lichttransmission von 75% nicht unterschritten werden. Neu sind in Europa und den USA Vorschläge, die Lichttransmission in Scheibeneinbaulage und nicht wie bisher senkrecht zur Scheibe zu messen.

Die Anforderungen an das Sicht- und Wischfeld sind in den FMVSS 103 und 104 definiert. Das Sichtfeld ist unterteilt in die Felder A, B und C. Bild 10 zeigt diese Bereiche für den VW Golf für die gesamte Breite des Fahrzeuges. In Tabellen ist die Lage des Sichtfeldes durch Angabe von Winkelgraden als Tangenten an die Augenellipsen definiert. Diese definierten Felder müssen dann mit bestimmten Prozentsätzen gewischt werden (80% für das A-, 94% für das B- und 99% für das C-Feld). Für Europa gibt es ähnlich lautende Anforderungen.

Die Sichtfelder dienen ebenfalls als Basis für die Überprüfung der Leistungsfähigkeit der Defrosteranlage. Das nach einem Prüfverfahren gemäß SAE J 902 [13] vorkonditionierte Fahrzeug wird bei einer Umgebungstemperatur von $-18\,°C$ getestet. Innerhalb von 40 min muß das Feld A zu 80% und das Feld C zu 100% frei sein.

Neben der direkten Sicht nach vorn ist auch die Rundumsicht wesentlich. Bild 11 (siehe Farbbildteil) zeigt die Sichtverhältnisse des Volkswagen Golf durch Innen- und Außenspiegel sowie die Sichtverdeckung durch die A-, B- und C-Säulen. Bezüglich der Sichtbehinderung durch die vorderen A-Säulen gibt es besondere Anforderungen. Von den Augpunkten ausgehend darf der binokulare Verdeckungswinkel nicht größer als 6° sein.

Bei der Beleuchtungseinrichtung sind die nationalen und internationalen gesetzlichen Vorschriften sehr detailliert. Die gesetzlichen Regelungen lassen nur wenig Spielraum für die Gestaltung der Scheinwerfer. Trotz allem gibt es jedoch länderspezifische Unterschiede; in den USA z. B. durch die vorgeschriebene Verwendung einer dritten hochgesetzten Bremsleuchte, in Schweden durch das Tagesfahrlicht, in Europa (spätestens ab 1. 1. 1993) durch die seitlichen Blinkleuchten. Der Wunsch nach immer flacheren Motorhauben hat an die Scheinwerferhersteller erhebliche Anforderungen gestellt. Bild 12 zeigt die Lichtausbeute eines modernen Pkw-Scheinwerfers. Auch in diesem Fall ist ein Kompromiß zwischen Design und Funktion zu finden. Moderne Scheinwerfer sorgen für hervorragende Ausleuchtung des Nahbereiches und sollen besonders den rechten Straßenrand gut ausleuchten, ohne daß der Gegenverkehr geblendet wird. Hierbei hilft auch die Scheinwerferverstellung, die vom Fahrersitz vorgenommen werden kann. Mit Hilfe von Verstelleinrichtungen wird der Lichtwinkel dem Belastungszustand des Fahrzeuges angepaßt. Der Trend, die Scheinwerfer hinter strömungsgünstigen und bei Kollisionen mit Fußgängern nicht hervorstehenden Glasflächen anzuordnen, setzt sich fort. Die neueste Technologie, die Gasentladungsscheinwerfer, eignen sich sowohl wegen der hohen Kosten als auch wegen der scharfen Hell-Dunkel-Grenze nicht für Großserienautomobile.

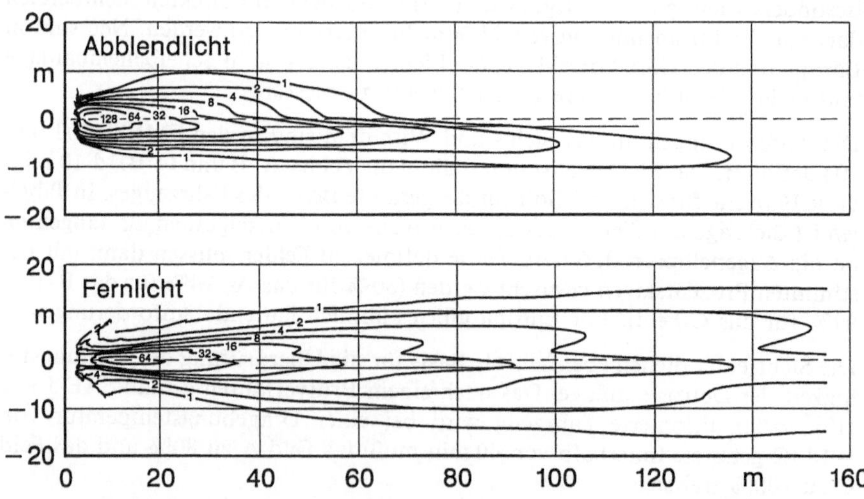

Bild 12. Iso-Lux-Linien für Abblendlicht und Fernlicht bei einem modernen Multifocus-Scheinwerfer (VW Golf).

Neben der Normalausrüstung gibt es bei vielen Fahrzeugen Nebelscheinwerfer und Scheinwerferreinigungsanlagen entweder als Serienausstattung oder als Zusatzeinrichtung.

4.3 Informationssysteme

Eine bessere Information des Fahrers trägt ebenfalls zur Unfallvermeidung bei. Das setzt nicht nur einheitliche und übersichtliche Verkehrszeichen, sondern auch ein neues Kommunikationssystem voraus. Ein Beispiel ist der Einsatz des Radio-Data-Systems (RDS). Über einen digitalen Verkehrsfunk kann, wenn das Eingabekonzept verbessert wird, frühzeitig, wesentlich schneller als bisher und ortsgerecht die notwendige Information zur Verhinderung des Hineinfahrens in einen Stau gegeben werden. Dabei wird im RDS u. a. ein selbstständiges Erkennen und Auswählen der lokal am besten geeigneten Senderfrequenz vorgenommen, so daß das Suchen dieser Frequenz und das Umschalten des Radios entfallen. Zukünftig wird es über derartige Kanäle auch möglich sein, Nebel- und Glatteiswarnungen zu geben und den Verkehr zu leiten. Letztlich dienen auch zukünftige neue Parkkonzepte dazu, daß Parkplätze schneller gefunden werden und damit unnötiger Verkehr vermieden wird. Das Automobil kann und muß immer mehr in das allgemeine Kommunikationsnetz eingeschlossen werden. Zusätzliche Stichworte sind: Freisprechtelefon, Notsignal sowie Warnfunktionen, die an andere Verkehrsteilnehmer gegeben werden. Die technischen Einzellösungen zeichnen sich ab, ein Gesamtkonzept zu realisieren ist nun der nächste wichtige Schritt.

National und international wird an besseren Navigations- und Informationssystemen gearbeitet, in den USA mit dem IVHS-Programm, in Europa mit dem PROMETHEUS- und dem DRIVE-Programm und in Japan gesteuert durch MITI. Das Programm enthält u. a. folgende Bausteine:

— Reise- und Transportmanagement,
— Verkehrsflußgestaltung,
— sicheres Fahren.

Einige Beispiele dafür sind:

— Routen und Verkehrsmittelauswahl von zu Hause aus,
— kommerzielles Flottenmanagement von Lkws unter Einbeziehung der Satellitentechnik,
— optimale Benutzung von vorhandenen Straßen durch Dual-mode-Führungssysteme,
— kooperatives Fahren mit Hilfe entsprechender Sensoren,
— intelligente Geschwindigkeitsregelanlage mit Abstandswarnung,
— automatische Unfallmeldung bei schweren Unfällen.

4.4 Beschleunigen und Bremsen

4.4.1 Beschleunigungsfähigkeit

Obwohl es bei den Personenkraftwagen große Unterschiede hinsichtlich Antriebsleistung und Fahrzeugmasse gibt, haben sich bestimmte notwendige Kriterien herausgebildet, um im Straßenverkehr „mitschwimmen" zu können. Für die in der Bundesrepublik Deutschland 1990 neu zugelassenen VW- und Audi-Fahrzeuge gelten im Mittel folgende Werte: Masse-Leistung-Verhältnis 14,3 kg/kW, Beschleunigungsfähigkeit von 0 bis 100 km/h im Mittel rd. 12,9 s.

Bei der größten Anzahl der Fahrzeuge hat sich der Frontantrieb durchgesetzt. Um bei extremen Straßenverhältnissen eine gute Antriebs- bzw. Bremsfähigkeit zu erreichen, gibt es zahlreiche Zusatzsysteme, wie ASR, EDS und Allradantrieb. ASR (**A**ntriebsschlupfregelung) oder EDS (**E**lektronische **D**ifferentialsperre) reichen für viele Fahrsituationen aus. Bei der EDS der Volkswagen-Fahrzeuge wird die ABS- (**A**ntiblockierbremssystem-)Einheit verwendet, um das durchdrehende Rad so zu regeln, daß ein Anfahren speziell bei unterschiedlichen Reibwerten zwischen Fahrbahn und Reifen auf einer Fahrbahnseite ermöglicht wird. Bild 13 (s. Farbbildteil) zeigt die prinzipielle Auslegung. Bei Geschwindigkeiten ab 20 km/h wird die Wirkung eingeschränkt, und ab 40 km/h schaltet sich das EDS-System ganz aus, so daß die Fahrsicherheit bei höheren Geschwindigkeiten nicht negativ beeinflußt werden kann. Beim ASC- bzw. ASC+T-System (**A**utomatical **S**tability **C**ontrol, **T** für Traction) von BMW wird im Fall des Durchdrehens eines Antriebsrades in Sekundenbruchteilen die Antriebskraft und damit der Radschlupf über eine elektronische Ansteuerung der Drosselklappen und des Motormanagements reduziert.

Beim ASC+T-System wird der beschriebene Effekt durch einen zusätzlichen gesteuerten Bremseneingriff am durchdrehenden Rad im Geschwindigkeitsbereich bis 40 km/h nochmals verstärkt.

Für den Allradantrieb gibt es zahlreiche Systeme. Sie reichen von sehr komfortablen Permanentantrieben bis zu mechanisch zuschaltbaren Lösungen. Pionier für den Einsatz permanenter Allradantriebe bei Straßenfahrzeugen (nicht bei Geländewagen) ist die Firma Audi. Bild 14 zeigt eine Übersicht über die z. Z. eingesetzten Systeme. Bei Volkswagen wurde ein spezieller Allradantrieb mit einer Viscokupplung entwickelt, der sich je nach Bedarf automatisch zuschaltet. Für die Konzeptauslegung wurden neben der theoretischen Untersuchung auch zahlreiche Versuche mit dem Fahrsimulator durchgeführt. Dabei wurde u. a. festgestellt, daß ein Freilauf an der Hinterachse die Fahrsicherheit erhöht, z. B. die Bremsstabilität bei der Bergabfahrt.

Bild 15 zeigt diese Allradanordnung im Fahrzeug. Über einen Winkeltrieb, der seitlich an das vordere Differential angeschraubt ist, wird das Drehmoment über die dreiteilige Kardanwelle und die Viscokupplung an das Hinterachsdif-

	FA	Frontantrieb
	D – V – D	Permanent – Allradantrieb (schlupfgeregelt) Visco – Kupplung mit Freilauf
	D – D – D	Permanent – Allradantrieb (kraftgeregelt mit Differential) $M_v : M_h = 1{:}1$
	D – DV – D	Permanent – Allradantrieb (kraft – und schlupfgeregelt) $M_v : M_h = 1{:}2$
	D – S – D	Starrer Allradantrieb
	D – S – S	Starrer – Allradantrieb mit gesperrtem Hinterachsdifferential
	SA	Standardantrieb

M Motor, **G** Getriebe, **D** Differential, **V** Viscokupplung, **F** Freilauf

Bild 14. Übersicht gebräuchlicher Antriebssysteme.

ferential weitergeleitet. Bild 16 (s. Farbbildteil) zeigt die Viscokupplung und das Hinterachsdifferential mit dem integrierten Freilauf. Besonderes Kennzeichen dieses Allradsystems ist die automatische Funktion. Bei zunehmendem Antriebsschlupf an der Vorderachse wird ein Teil des Antriebsmomentes auf die Hinterachse durch einen sehr schnellen Aufbau des Reibmomentes an der Viscokupplung übertragen. Allradsysteme sind im übrigen nicht nur bei vereisten oder verschneiten Straßen, sondern auch bei Gefahr des Aquaplaning von Vorteil.

4.4.2 Bremsen

Moderne Kraftfahrzeuge sind heute mit einer hydraulischen Zweikreisbremsanlage mit zwei unabhängig voneinander wirkenden Bremskreisen ausgerüstet. Eine typische Aufteilung ist die diagonale Anordnung der Bremskreise (je ein Vorder- und Hinterrad). Der spurstabilisierende Lenkrollradius sorgt beim Bremsen für Richtungsstabilität. Last- oder druckabhängige Bremsdruckminderer verhindern ein Überbremsen der Hinterachse, so daß auch dadurch eine Stabilität des Fahrzeuges beim Bremsen gegeben ist.

Das Abbremsen des Fahrzeuges unter Aufrechterhaltung der Lenkfähigkeit ist ein wesentlicher Bestandteil der Unfallvorbeugung. In dieser Hinsicht ist die Bremsanlage eines Fahrzeuges in allen Details durch den Gesetzgeber vorgeschrieben. Einige der einschlägigen Gesetze sind der FMVSS 105 [14] und die EG-Direktive 71/320 [15]. Darüber hinaus gibt es weitere hausinterne Vor-

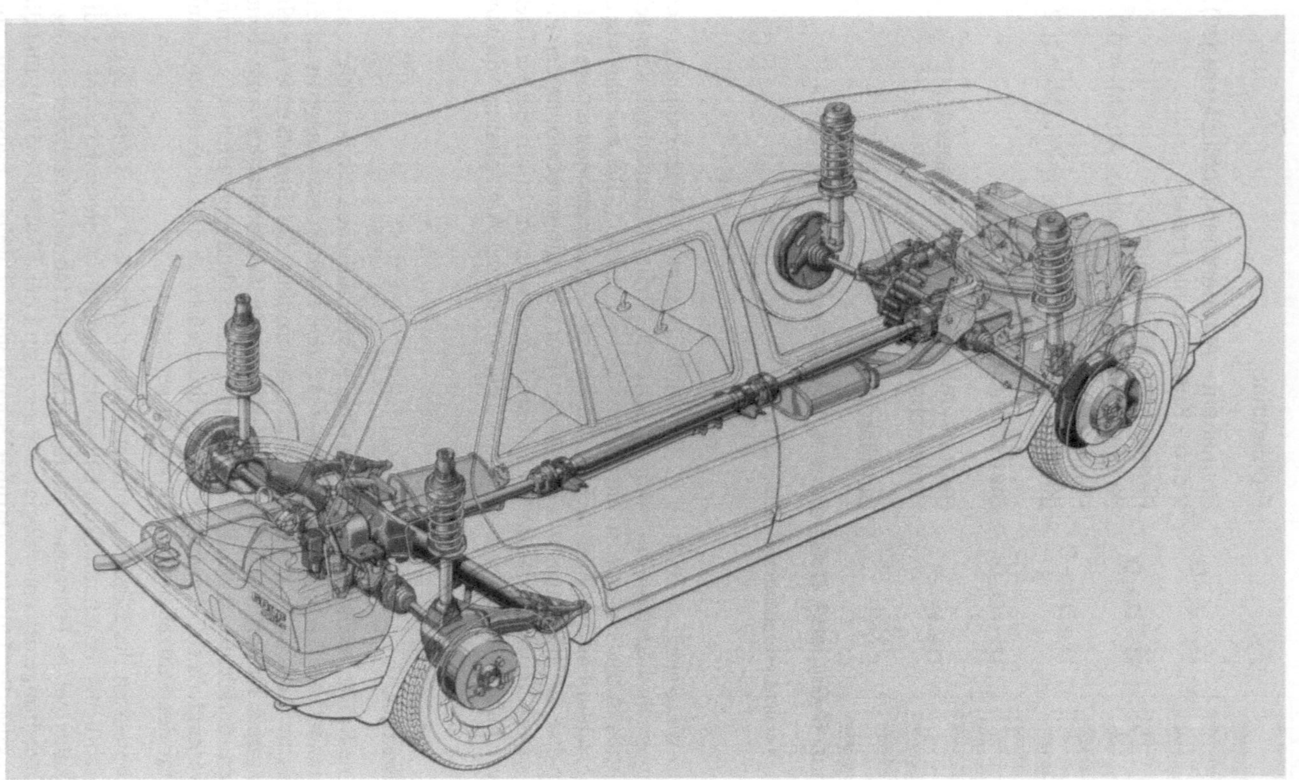

Bild 15. Allradantrieb im VW Golf.

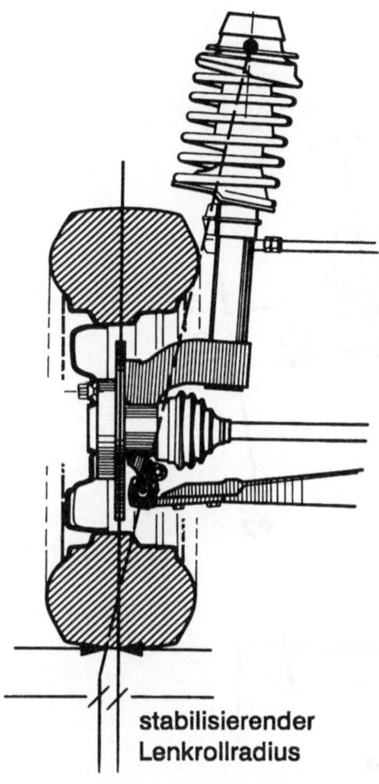

Bild 17. Schnitt durch Radaufstandsfläche, Federbein und Spurstange einer McPherson-Vorderradaufhängung.

schriften der Hersteller. So gehört bei Volkswagen eine Groß-Glockner-Fahrt ebenso wie eine Wintererprobung zum festen Bestandteil der Erprobung neu entwickelter Fahrzeuge.

Zweikreisbremsanlagen, Bremskraftverstärker, Bremsdruckminderer für die Hinterachsbremse, ausreichende Bremsenkühlung, Mehrfachbremsung aus hohen Geschwindigkeiten ohne Nachlassen der Bremswirkung und Spurstabilität beim Bremsen sind wichtige Voraussetzungen für die Funktion des Fahrzeuges während seiner gesamten Lebensdauer. Ein Mittel, um bei unterschiedlichen Reibbeiwerten das Fahrzeug spurstabil zu halten, ist der spurstabilisierende Lenkrollradius an der Vorderachse. Bild 17 zeigt einen Schnitt durch die Radaufstandsfläche (Mittelpunkt), das Federbein und die Spurstange. In der Draufsicht ist im Bild 18 die Stabilitätsbetrachtung dargestellt. Im Bremsfall entsteht an dem Rad mit den höheren Bremskräften ein Moment, das der Tendenz des Lenkens in Richtung dieses Rades entgegenwirkt und damit das Fahrzeug spurstabil hält. Für die Spurstabilität ist es außerdem notwendig, daß die Hinterräder nicht blockieren. Dies wird, wo notwendig, mit einem Bremsdruckminderer oder aber

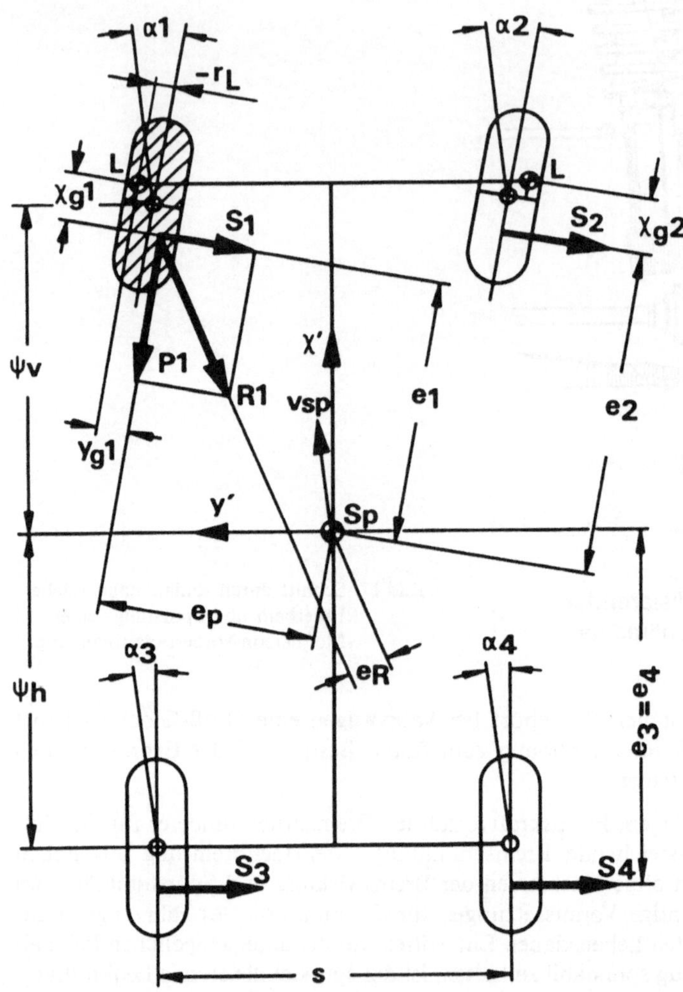

X_g = Gesamtnachlauf;

Y_g = Gesamtrollradius

Bild 18. Stabilitätsbetrachtung am Zweispurmodell (stabilisierende Wirkung eines negativen Lenkrollhalbmessers bei asymmetrischer Bremsmomentenverteilung).

auch mit ABS (Antiblockierbremssystem) erreicht. Stand der Technik beim ABS ist die Dreikanalanlage. Bild 19 (s. Farbbildteil) zeigt den schematischen Aufbau. Über Elektromagnetventile wird im Bremsfall, von einem Regelalgorithmus gesteuert, der Bremsdruck am einzelnen Rad so geregelt, daß ein Blockieren gerade verhindert wird. Bild 20 zeigt den typischen Verlauf der Fahrzeuggeschwindigkeit, den dazugehörigen Bremsdruck und den schlupfabhängigen Regelbereich.

Die häufig geäußerte Meinung, daß mit dem Antiblockierbremssystem der Bremsweg verringert wird, gilt nicht in jedem Fall. Hauptaufgabe der ABS-Anlage ist die Aufrechterhaltung der Lenkfähigkeit im Bremsfall. Der Regelbereich der ABS-Elektronik läßt dabei je nach Kraftschluß zwischen Rad und Fahrbahn einen Schlupf von 8% bis zu 35% zu. Bei diesen Werten sind die Bremswege fast optimal kurz, dennoch kann genügend Seitenkraft zum Lenken aufgebaut werden. Zur Zeit geht die Entwicklung in Richtung preiswerterer Anlagen. Wichtig ist, daß dabei die Grundforderungen nach minimalen Bremswegen und Erhalten der Lenkfähigkeit uneingeschränkt erfüllt werden.

4.5 Fahrdynamik

Der Frontantrieb hat sich bei den meisten Fahrzeugen durchgesetzt. 1989 waren rd. 60% der in Deutschland neu zugelassenen Fahrzeuge mit Frontantrieb ausgerüstet. Für das leichte Führen des Fahrzeuges ist neben einem gut abgestimmten Fahrwerk zunehmend auch der Einsatz von Servolenkungen eine große Hilfe. Diese Lenkunterstützung ermöglicht eine noch bessere Abstimmung der Lenkgeometrie. Bild 21 zeigt die Lenkkräfte bei einem Fronttriebfahrzeug als Funktion des Lenkwinkels für ein Fahrzeug mit und eines ohne Lenkunterstützung.

Für einen guten Geradeauslauf ist neben der Geometrie der Hinterachse auch eine entsprechend gute Auslegung der Vorderachse notwendig. Bild 22 (s. Farbbildteil) zeigt die im VW Golf eingesetzte Plusachse, die bei Motoren mit höherem Drehmoment die Antriebseinflüsse auf die Lenkung vermindert. Die Plusachse zeichnet sich dabei durch folgende Eigenschaften aus: Der Störkrafthebelarm (Radmitte) wurde reduziert, und durch entsprechende Einpreßtiefen der Felgen ist sichergestellt, daß bei jeder Reifengröße ein ausreichender spurstabilisierender Lenkrollradius r erhalten bleibt. Darüber hinaus wurde der Nachlauf n vergrößert.

Bei höheren Fahrgeschwindigkeiten ist es notwendig, den Auftrieb an der Hinterachse klein zu halten. Hier gilt es, einen guten Kompromiß zwischen einem niedrigen c_W-Wert (Luftwiderstandsbeiwert des Fahrzeuges) und einem geringen Auftriebsbeiwert an der Hinterachse zu gewährleisten. Bild 23 zeigt den Zusammenhang zwischen Luftwiderstandsbeiwert und Auftriebsbeiwert an der Hinterachse für verschiedene Fahrzeuge. Auch der VW Golf der dritten Generation ist eingetragen. Für die Fahrzeugsicherheit ist es extrem wichtig, daß nicht zugunsten

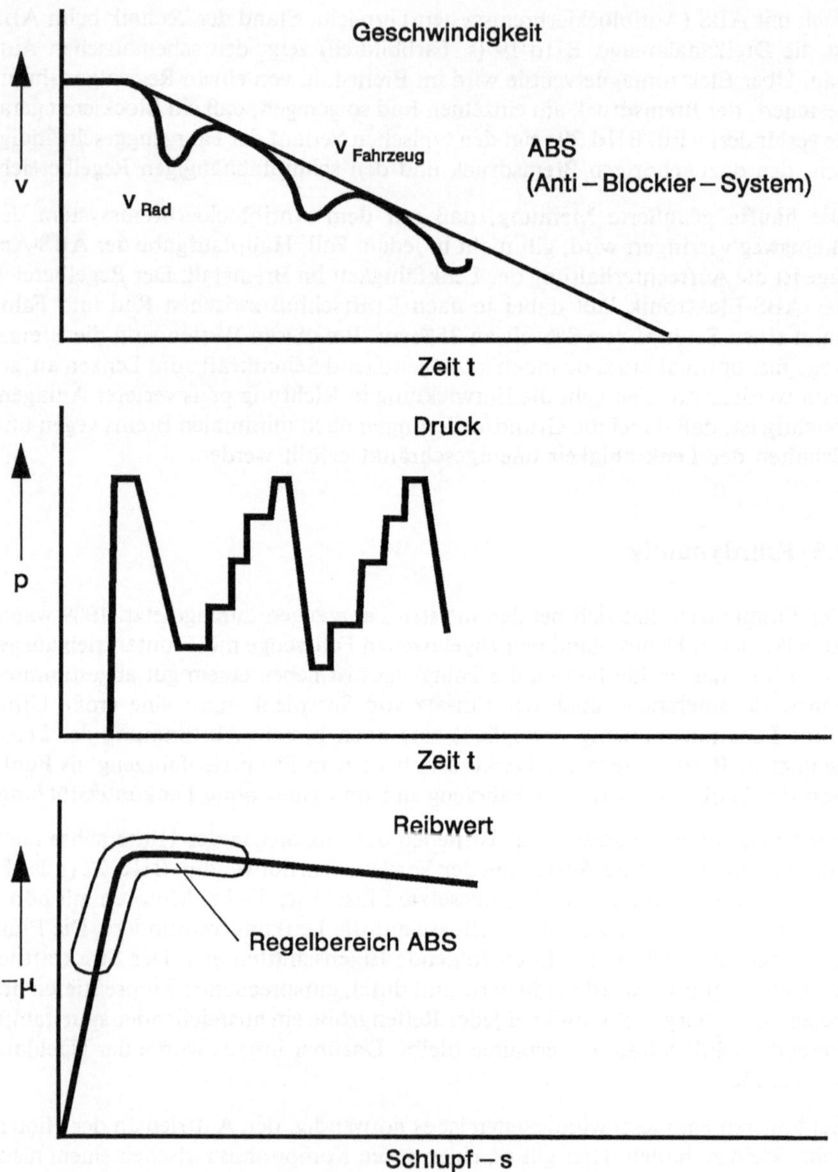

Bild 20. Verlauf von Fahrzeuggeschwindigkeit und Bremsdruck sowie Darstellung des schlupfabhängigen Regelbereiches für eine ABS-Bremsung.

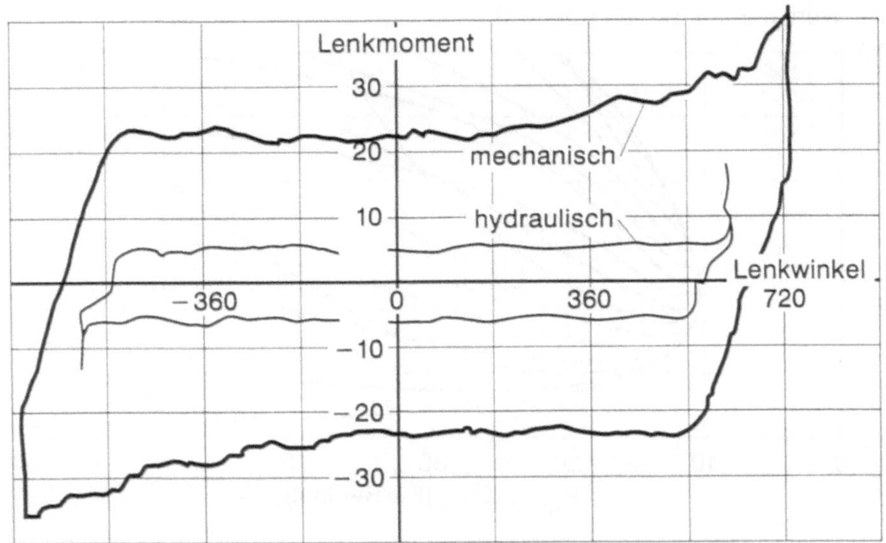

d 21. Lenkkräfte bei einem Fronttriebler als Funktion des Lenkwinkels.

Vergleich einer mechanischen Lenkung mit einer hydraulischen Servolenkung.

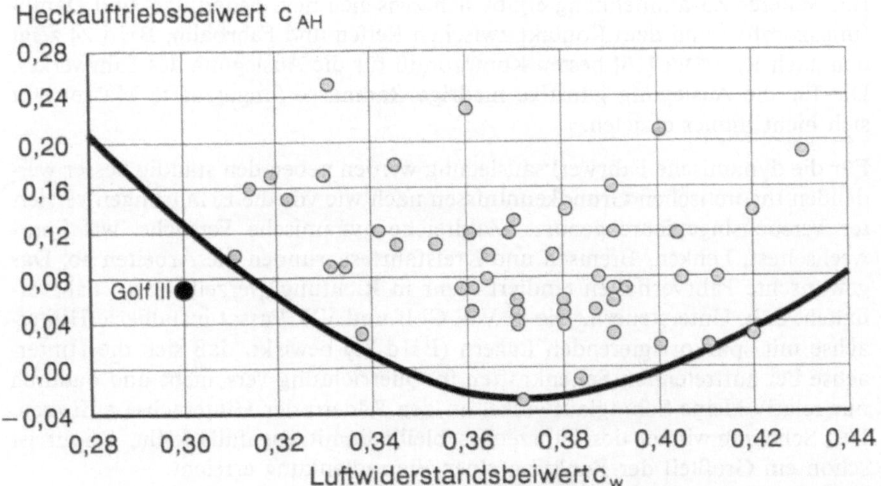

Bild 23. Heckauftriebsbeiwert als Funktion des Luftwiderstandsbeiwertes für verschiedene Fahrzeuge (bisherige Serienfahrzeuge innerhalb der Hüllkurve).

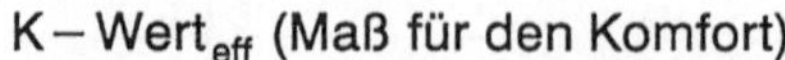

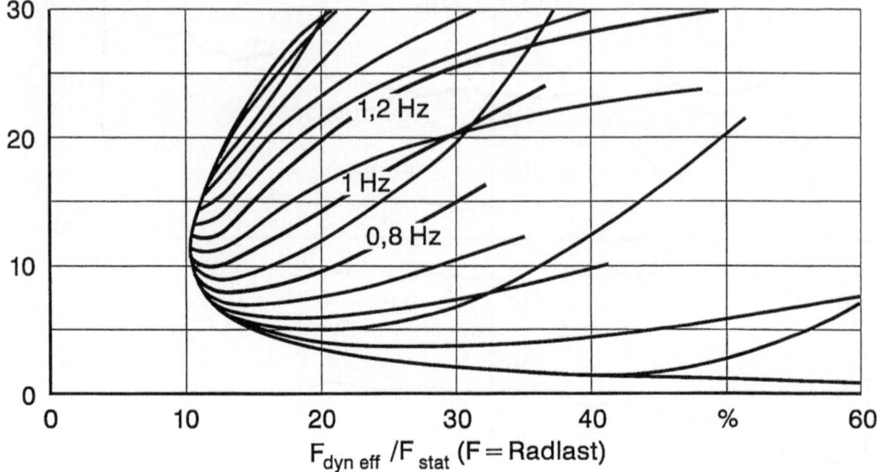

Bild 24. Bewertete Schwingstärke (Maß für den Komfort) als Funktion von Radlast und Fahrzeugeigenfrequenz.

einer c_W-Optimierung der Auftrieb an der Hinterachse zu groß wird. Besonders bei Spurwechselmanövern, wie sie z. B. auf der Autobahn vorkommen, ist dies für die einwandfreie Beherrschung des Fahrzeuges notwendig.

Ein weiterer Zusammenhang ergibt sich zwischen dem Federungs- und Dämpfungskomfort und dem Kontakt zwischen Reifen und Fahrbahn. Bild 24 zeigt den nach RICHTER [16] besten Kompromiß für die Auslegung des Fahrwerkes. Die für die Auslegung günstige niedrige Radmasse (ungefederte Masse) läßt sich nicht immer erzielen.

Für die dynamische Fahrwerksauslegung werden neben den ständig besser werdenden theoretischen Grundkenntnissen nach wie vor die Erfahrungen versierter Versuchsingenieure genutzt. Zahlreiche dynamische Versuche, wie Spurwechseltest, Lenken, Bremsen und Kreisfahrtest, runden die Arbeiten ab. Das gewünschte Fahrverhalten tendiert mehr in Richtung „verzeihendes" Fahrverhalten, d. h. Untersteuern. Die in VW Golf und VW Passat installierte Hinterachse mit spurkorrigierenden Lagern (Bild 25) bewirkt, daß sich die Hinterachse bei auftretenden Seitenkräften in Querrichtung verschiebt und dadurch nur relativ kleine Schräglaufwinkel an den Rädern der Hinterachse auftreten. Der Schwimmwinkel des Fahrzeuges bleibt damit ebenfalls klein. Damit ist schon ein Großteil der Funktion einer Vierradlenkung erreicht.

Eine weitere Steigerung mittels einer elektronisch geregelten Vierradlenkung ist durch folgende Eigenschaften gekennzeichnet:

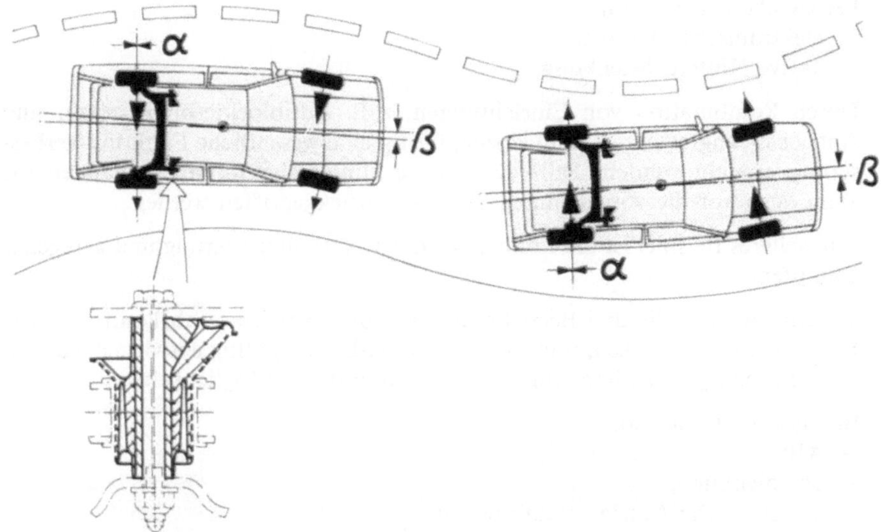

Bild 25. Wirkung und Funktionsweise von spurkorrigierenden Hinterachslagern (VW Golf und VW Passat).

- Geschwindigkeitsabhängigkeit (bei hohen Fahrgeschwindigkeiten gleichsinniger Einschlag zur Erhöhung der Fahrstabilität, bei niedrigen Geschwindigkeiten gegensinniger Einschlag zur Verringerung des Wendekreises),
- größere Winkel (bis 3° beim schnellen Fahren, bis 5° beim Rangieren zur Verringerung des Wendekreises),
- Ausgleich von äußeren Störungen (Seitenwind, Spurrinnen),
- Ausgleich von geändertem Fahrzeugverhalten (Beladung, Winterreifen, Lastwechsel).

Wenn man die Fortschritte auf dem Gebiet der Fahrwerktechnologie betrachtet, dann wird der nächste Schritt eine mögliche Verknüpfung der Sensoren und Regelsysteme sein. Schon heute werden gleiche Sensoren für einige verschiedene Aufgaben verwendet, z. B.

Radsensoren für
- Antiblockierbremssysteme,
- automatische Stabilisierung an Vorder- oder Hinterachse bei ungleichen Kraftschlußbeiwerten, aktive Hinterachslenkung;

Fahrgeschwindigkeitssensoren für
- elektronisch gesteuerte Stoßdämpfer,
- geschwindigkeitsabhängige Servolenkung,
- aktive Hinterachslenkung;

Lenkwinkelsensoren für
- elektronische Dämpfer,
- aktive Hinterachslenkung.

Durch Kombination von Einrichtungen, z. B. Antiblockierbremssystem und Antriebsstrangregelung, kann kostengünstig eine wesentliche Funktionsverbesserung erreicht werden. Falls eine aktive Hinterachslenkung vorhanden ist, kann auch auf die vorgenannten Systeme zurückgegriffen werden.

Ein weiteres Beispiel ist die Kombination der Niveauregulierung und geregelter Dämpfer.

Systeme, die auf die drei Bereiche Bremsen und Antriebe, Fahrkomfort sowie Fahrsicherheit einwirken, müssen außerordentlich sorgfältig entwickelt werden. Die folgende grobe Einteilung zeigt die zukünftigen Möglichkeiten.

Bremsen und Antriebe:
- ABS,
- Servolenkung,
- automatische Antriebsstabilisierung,
- Allradantrieb;

Fahrkomfort:
- elektrische Niveauregulierung,
- Dämpfer, Reifendruck, Servolenkung;

Fahrsicherheit:
- aktive Hinterachslenkung,
- Reifendruck,
- Servolenkung, Bremsenüberwachung.

Bezogen auf das Kosten-Nutzen-Verhältnis gibt es jedoch zahlreiche andere Einrichtungen im Fahrzeug, die hinsichtlich Umweltschutz, Kraftstoffverbrauch oder Sicherheit mit einer deutlich höheren Priorität zu belegen sind als der Einbau einer Vierradlenkung.

Zusammenfassend lassen sich die unfallvorbeugenden Maßnahmen wie folgt definieren: Alle Maßnahmen, die das Führen eines Fahrzeuges leichter, übersichtlicher und komfortabler und die Fahrzeugreaktionen beherrschbarer und „gutmütig-verzeihender" machen, tragen dazu bei, Unfälle zu verhindern. Neben der technischen Komponente ist insbesondere auch die beschriebene Verantwortung des Fahrzeugführers für seinen eigenen physischen und psychischen Zustand und für den technisch einwandfreien Zustand des Fahrzeuges von Bedeutung.

5 Daten der Unfallstatistik

Eine Vergleichbarkeit der zahlreichen Unfallstatistiken ist wegen der unterschiedlichen Datenerfassung und Definition nicht gegeben. Die pauschale Aussage, daß der Mensch der Hauptunfallverursacher ist, läßt sich nicht aufrechterhalten. Maximal 5% der Unfälle sind im Fahrzeug begründet, etwa 30% bis 45% entfallen auf die Verkehrsumwelt, und bei 40% bis 65% ist menschliches Fehlverhalten die Ursache [17]. Bezogen auf die Art der am Verkehrsunfallgeschehen Beteiligten ergibt sich die im Bild 26 dargestellte Verteilung (Daten für die Europäische Gemeinschaft). Die Hauptgruppe der Unfallbeteiligten sind die Pkw-Insassen, gefolgt von Fußgängern, Radfahrern und motorisierten Zweiradfahrern. Die für die Bundesrepublik Deutschland angegebenen Werte liegen im Mittelfeld. Die Verteilung in den USA zeigt folgende Werte:

Pkw-Insassen	73,3%
motorisierte Zweiradfahrer	7,3%
Radfahrer	1,9%
Fußgänger	14,5%.

Ein Vergleich der Verunglückten-Getöteten-Rate verschiedener Verkehrsmittel zeigt, daß es in der Bundesrepublik Deutschland möglich ist, die Verkehrs-

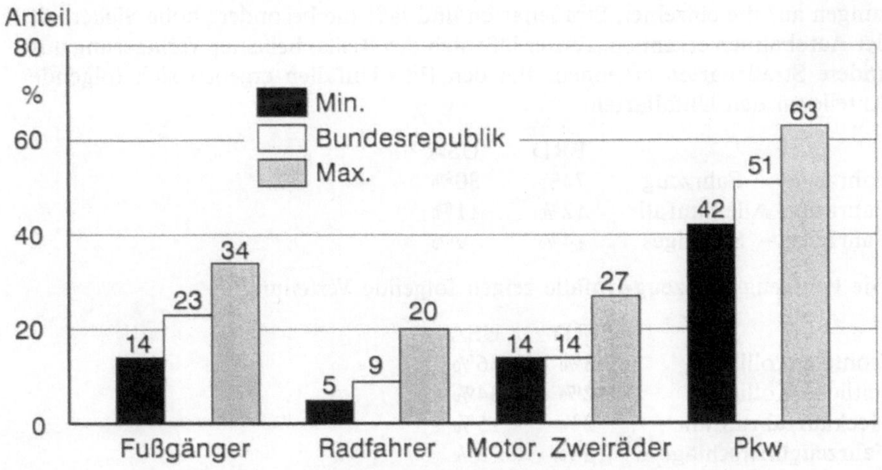

Bild 26. Anteile verschiedenen Verkehrsteilnehmergruppen am Unfallgeschehen [17].

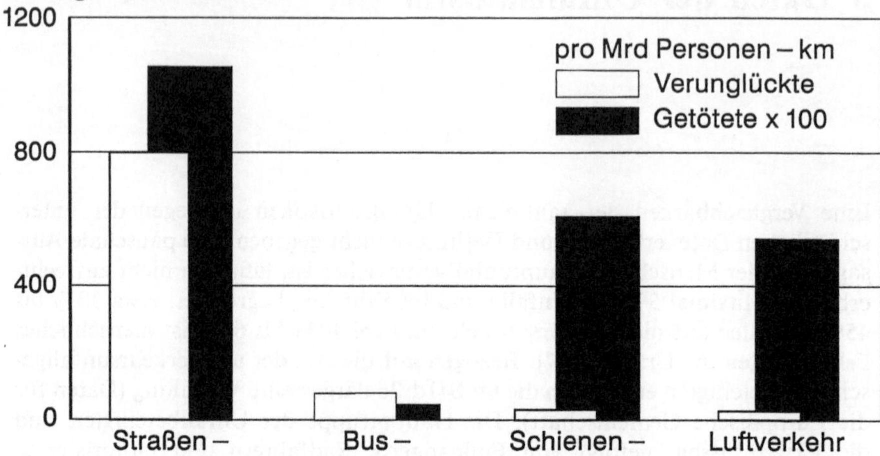

Bild 27. Unfallrisiken bei verschiedenen Verkehrsmitteln [18].

sicherheit im Straßenverkehr je Milliarde Personenkilometer der für den Schienen- und den Luftverkehr anzugleichen (Bild 27) [18]. Die Entwicklung der Anzahl der tödlichen Unfälle im Straßenverkehr je zurückgelegter Strecke geht aus Bild 28 hervor. Deutlich ist die Abnahme des Unfallrisikos in Deutschland zu erkennen. Die Gründe dafür sind zahlreich: Bessere Fahrschulausbildung, sicheres Allgemeinverhalten der Fahrzeuge, aber vor allen Dingen die höhere Gurtanlegequote. Bild 29 zeigt die Verteilung der Unfälle mit tödlichen Verletzungen auf die einzelnen Straßenarten und läßt die besonders hohe Sicherheit der Autobahnen erkennen. Ferner läßt sich das Risiko bei einer Verlagerung auf andere Straßenarten erkennen. Bei den Pkw-Unfällen ergeben sich folgende Anteile an den Unfallarten:

	BRD	USA
Fahrzeug – Fahrzeug	74%	80%
Fahrzeug, Alleinunfall	12%	11%
Fahrzeug – Sonstiges	14%	9%

Die Fahrzeug-Fahrzeug-Unfälle zeigen folgende Verteilung:

	BRD	USA
frontale Kollision	33%	36%
seitliche Kollision	42%	34%
Heckauffahrunfälle	2%	15%
Fahrzeugüberschläge	3%	2%

Aus diesen Daten lassen sich entsprechende Unfallsimulationsversuche ableiten.

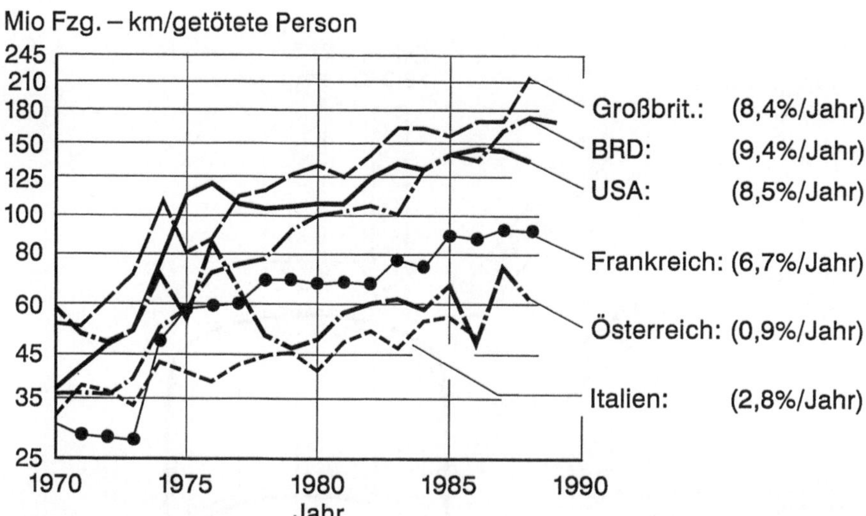

Bild 28. Unfallrisiken in verschiedenen Ländern [18].

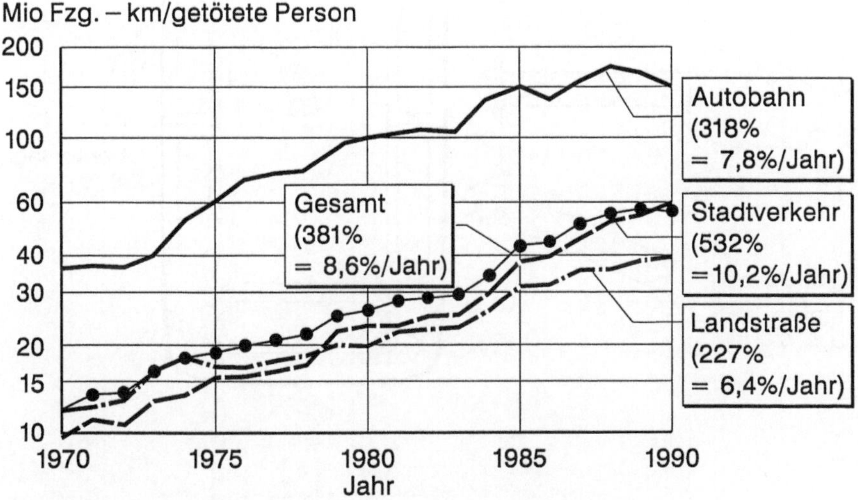

Bild 29. Unfallrisiken in Deutschland als Funktion der Straßenart [18].

Angesichts der Verschiedenheit der einzelnen Unfälle ist es klar, daß der Automobilkonstrukteur nicht jeden einzelnen Unfall bezüglich des möglichen Aufprallpartners und der Geschwindigkeitsänderung den Unfallsimulationsversuchen zuordnen kann. Trotzdem sind zahlreiche Versuche gemacht worden, um

33

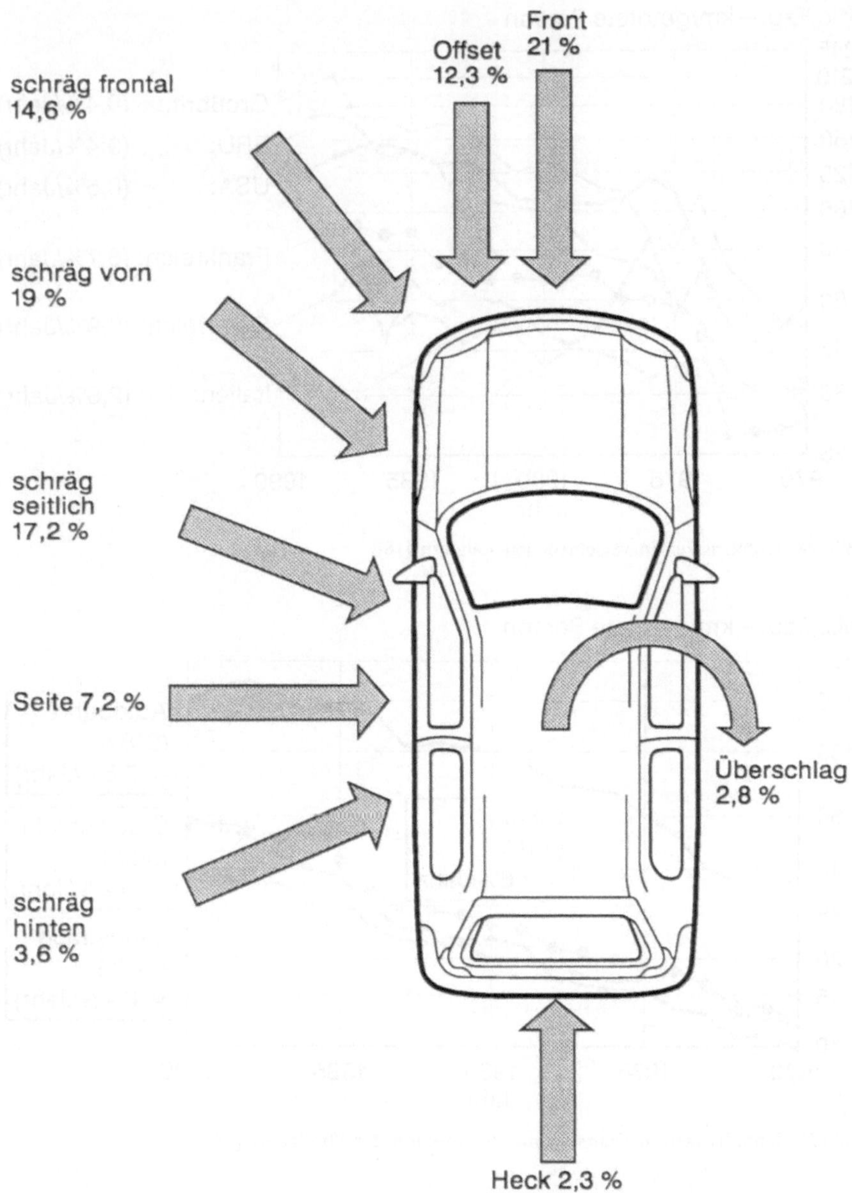

Bild 30. Prozentuale Häufigkeiten unterschiedlicher Kollisionsarten.

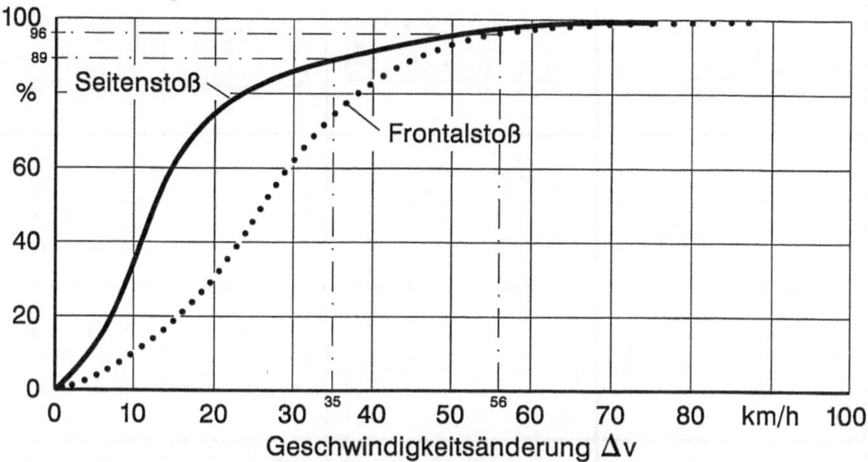

Bild 31. Summenhäufigkeiten für den seitlichen und frontalen Kollisionsfall in Abhängigkeit von der Geschwindigkeitsänderung Δv [28].

die Unfälle in Kategorien einzuteilen. **Bild 30** gibt den Wissensstand bei Volkswagen im Jahr 1991 wieder. Im Detail zeigt sich folgende Rangfolge der Unfalltypen:

1. frontal von vorn,
2. schräg von vorn in die Seite des Kotflügels,
3. schräg von vorn in die Seite der Tür,
4. schräg von vorn gegen die äußere Fahrzeugecke, Offset,
5. von der Seite im Winkel von 90°,
6. schräg von hinten in die hintere Tür,
7. Heckkollision und Überschlag.

Auch die Geschwindigkeitsänderung Δv während des Unfalles ist von entscheidender Bedeutung für die Unfallsimulationsversuche. **Bild 31** zeigt eine Abschätzung dieser schwierigen Frage für den frontalen und den seitlichen Kollisionsfall. Es ist deutlich zu erkennen, daß mit einer Geschwindigkeitsänderung von 56 km/h im frontalen Aufprall etwa 96% aller Unfälle abgedeckt sind. Bei den seitlichen Kollisionen beträgt dieser Wert bei einem Δv von 35 km/h rd. 90%.

Aus der Unfallanalyse sind die zahlreichen Unfallsimulationstests abgeleitet worden. Die gesetzlich vorgeschriebenen und die zur Zeit zusätzlich durchgeführten Tests sind im **Bild 32** dargestellt.

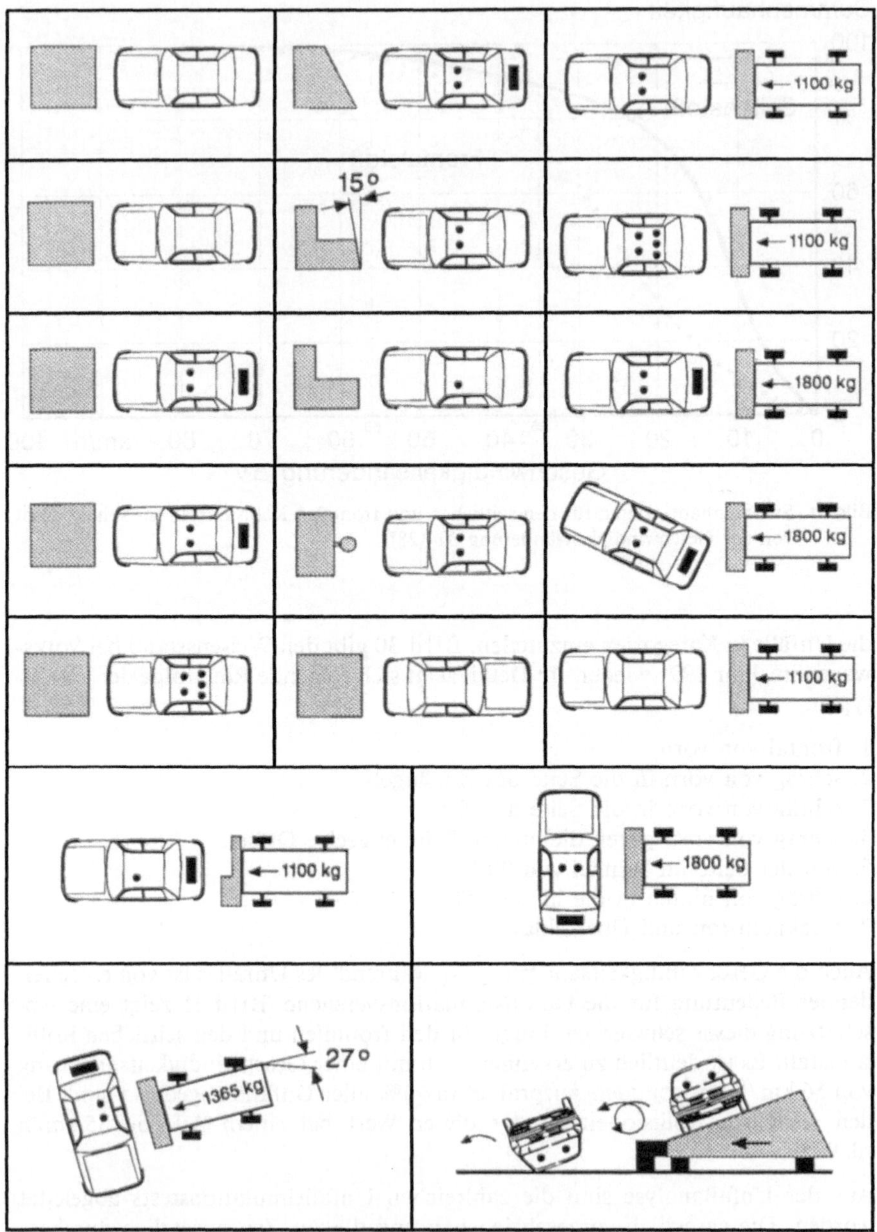

Bild 32. Auswahl einiger Versuchsanordnungen der VW-Sicherheitsentwicklung.

6 Biomechanik

6.1 Grundlagen

Besonders in den USA, in den letzten Jahren aber auch in Europa, wird auf dem Gebiet der Biomechanik verstärkt geforscht. Wesentlichen Anteil an der Untersuchung der menschlichen Widerstandsfähigkeit gegen stoßartige Belastungen hatte der amerikanische Colonel STAPP, der im Selbstversuch als erster Mensch aus einer Geschwindigkeit von 632 mph (rd. 1000 km/h) in 1,4 s bis zum Stillstand verzögert wurde. Das entspricht (bei einem Rechteckimpuls) einer über die Gesamtdauer wirksamen Verzögerung von 20 g (g Kurzzeichen für Erdbeschleunigung). Die jährlich in den USA stattfindenden Konferenzen zu diesem Thema sind nach diesem Colonel STAPP benannt worden. In Würdigung seiner Aktivität erhielt er höchste Auszeichnungen und Ehrungen. So heißt es im Vorwort und in der einleitenden Ehrung zur 8. Stapp-Konferenz:

"The Stapp Car Crash Conferences are named in honor of Colonel JOHN STAPP, USAF(MC), who pioneered (and is still pioneering) in establishing human impact tolerance levels. His historic rocket sled rides at Holloman Air Force Base, New Mexico, in 1954, in which he voluntarily subjected himself to up to 40 G accelerations while stopping from a speed of 632 miles per hour in 1.4 seconds still represent the best basis for quantitating human tolerance to acceleration. I addition to his own dangerous volunteer work, he has directed countless other safety research programs involving human volunteers, animals, and cadavers. The equipment and techniques developed under his guidance have become standard in this research area and have contributed much to the advancement of safety. The naming of these conferences after Colonel STAPP is a fitting tribute to a man who has dedicated his life − even to the point of risking it − to research aimed at increasing man's chances of survival in adverse crash environments.

The conferences were initiated at the University of Minnesota (Colonel Stapp's alma mater) under the able direction of Professor JAMES J. RYAN, another outstanding researcher in crash safety. For four years they were held at either the University of Minnesota or an appropriate Air Force base. Currently, the conference rotates annually among four sponsors: The University of Minnesota (1961), the United States Air Force (1962), the University of California at Los Angeles (1963), and Wayne State University (1964). The 1965 meeting will again be held at the University of Minnesota on October 20, 21, and 22. The proceedings of the conference are published in bound form, and will, it is hoped, become a valuable reference source."

(Reference: Proceedings of the 8th Stapp Car Crash Conference)

Auf der Jahreskonferenz 1990 wurden u. a. folgende Hauptthemen diskutiert:

− biomechanische Belastungsgrenzen beim Seitenaufprall,
− Airbag-Berechnungen und -Berechnungsmodelle,
− Weiterentwicklung der Versuchspuppen (Hybrid II, III, SID).

Im Zusammenhang mit der Fahrzeugsicherheit von Verkehrsteilnehmern ist die Biomechanik ein Mittel zur Beschreibung der Verletzungsmechanismen und ein Instrument zur Ermittlung der mechanischen Belastbarkeit des menschlichen Körpers. Die Resultate der biomechanischen Forschung führen zur Feststellung von Belastungsgrenzen. Daraus werden die Schutzkriterien abgeleitet, die als physikalische Größen mit Versuchseinrichtungen gemessen werden und deren direkter Meßwert oder daraus abgeleitete Grenzen nicht überschritten werden dürfen.

6.2 Belastungsgrenzen

Die Belastungsgrenzen beschreiben u. a. Knochenbrüche, Organschädigungen und andere Verletzungen. Eine Klassifizierung wird durch die „Abbreviated Injury Scale" (AIS) oder die „Overall Abbreviated Injury Scale" (OAIS) vorgenommen. Die AIS bzw. OAIS beurteilt eine Einzel- bzw. die Gesamtverletzung und reicht von 0 bis 6 [19]. Dabei entsprechen die Ziffern einer zunehmenden Verletzungsschwere, von 0 = unverletzt über leichte, mittlere und schwere Verletzungen bis zu 6 = tödliche Verletzung.

Die Grenzen der Belastung hängen von Alter, Geschlecht, Anthropometrie, Masse und Masseverteilung des Menschen ab. Deshalb ist es schwierig, in Unfallsimulationsversuchen alle vom Unfall Betroffenen, also Fahrzeuginsassen, Fußgänger usw. darzustellen. Mit Hilfe von Versuchspuppen soll ein möglichst großes Spektrum erfaßt werden.

Im folgenden werden einige Belastungswerte für den Menschen näher beschrieben.

Äußere Verletzungen

Schnittverletzungen im Gesicht und am Hals können z. B. durch Aufschlag gegen die Windschutzscheibe entstehen. Eine Bewertung dieser Verletzungen ist von Prof. PATRICK, Wayne State University, USA, vorgenommen worden.

Schädelbrüche durch das Aufschlagen auf Teile des Fahrzeuginnenraumes werden durch SWEARINGEN [20] wie folgt begrenzt: Die Verzögerung an der Schädelpartie, multipliziert mit der Kopfmasse, ergibt eine Kraft, die ein Brechen der Schädelpartie bei flächenhafter Lasteinleitung hervorruft. Beschleunigungsgrenzwerte betragen z. B. für die Stirn 800 g, die Nase 30 g und das Kinn 40 g. Bild 33 zeigt eine Übersicht. Brustverletzungen können durch das Aufschlagen auf Lenkrad und Armaturenbrett entstehen. Deshalb soll die Aufprallreaktionskraft möglichst kleiner als 8000 N sein. Die Brustdeformation darf 6 cm nicht überschreiten.

Körperteil	Mechanische Größen	Belastungsgrenzen
Ganzer Körper	$a_{x\,max}$ $\bar{a}_x$	40...80g 40...45g, 160...220ms
Gehirn	$a_{x\,max}$, $a_{y\,max}$	100...300g WSU – Kurve mit 60g, $t > 45$ms 1800...7500 rad/s^2
Knöcherner Schädel	$a_{x\,max}$, $a_{y\,max}$	80...300g je nach Größe der Stoßfläche
Stirn	$a_{x\,max}$ F_x	120...200g 4000 – 6000N
Halswirbelsäule	$a_{x\,max}$ Thorax $a_{y\,max}$ Thorax F_x $\alpha_{max\;vorwärts}$ $\alpha_{max\;rückwärts}$	30...40g 15...18g 1200...2600N Scherbelastung 80°...100° 80°...90°
Brustkorb	$a_{x\,max}$ F_x s_x	40...60g, $t > 3$ms 60g, $t < 3$ms 4000...8000N 5...6cm
Becken – Oberschenkel	F_x $a_{y\,max}$	6400...12500N Krafteinleitung im Knie 50...80g (Becken)
Schienbein	F_x E_x M_x	2500...5000N 150...210Nm 120...170Nm

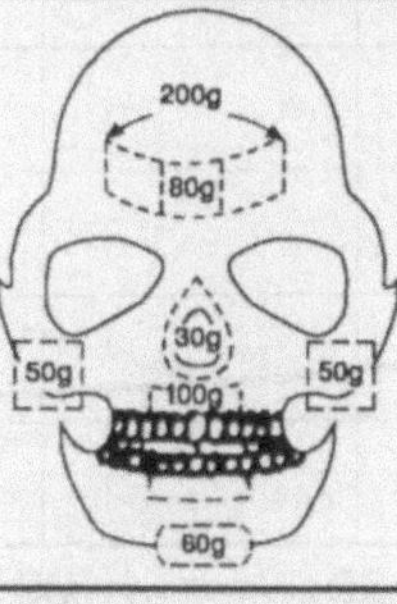

Bild 33. Biomechanische Belastungsgrenzen für den Menschen.

Ein Bruch des Oberschenkels wird bei Längskräften von mehr als 11 000 N angenommen.

Innere Verletzungen

Sehr viel schwieriger sind die Verletzungen im Inneren des Menschen zu erfassen. Das größte Problem ist zweifelsohne die Beanspruchung des Gehirns und der Halswirbelsäule. Für den Kopf gilt die Aussage, daß in Anterior-posterior-Richtung eine Beschleunigung von 80 *g* über einen Zeitraum von 3 ms nicht überschritten werden soll. Bewußtlosigkeit und schwere Beschädigungen des Gehirns werden nach der Patrick-Kurve [21] beurteilt (Bild 34). Die Verzögerung-Zeit-Funktion beschreibt, daß die Höhe der Belastung mit zunehmender Einwirkungszeit abnehmen muß. Aus der Patrick-Kurve wurde auch das Head Injury Criterion (HIC) abgeleitet.

Über die Grenzbelastung durch eine Rotationsbeschleunigung gibt FIALA in [22] Auskunft. Er hat bei einer Gehirnmasse von 1300 g eine Drehbeschleunigung von weniger als 7500 rad/s^2 als zulässig ermittelt.

Ein ebenso kritisches Gebilde wie der Kopf ist der Hals. Als verbindendes Element zwischen Rumpf und Kopf wird er bei allen Unfällen einer mehr oder weniger großen Beanspruchung ausgesetzt. Das betrifft insbesondere den aus sieben Halswirbeln bestehenden Nacken, der bei einer relativen Vorwärtsbewegung des Kopfes zum Rumpf (Flexion) und bei einer relativen Rückwärtsbewe-

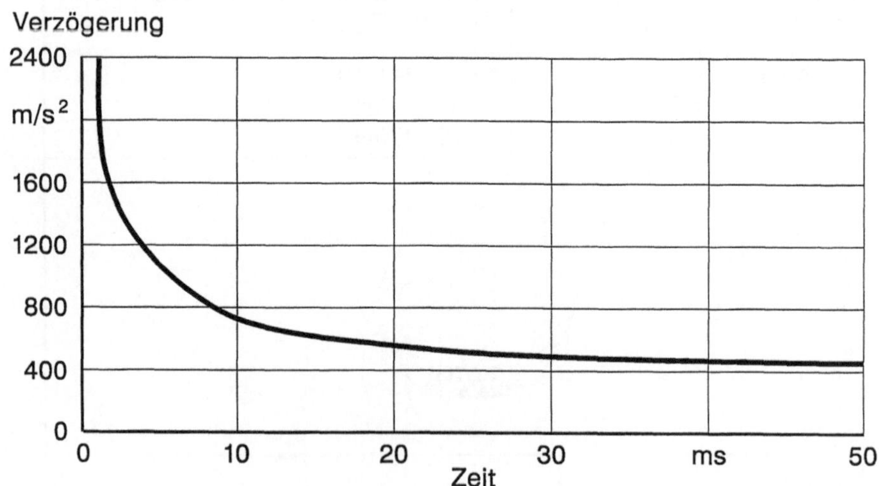

Bild 34. Patrick-Kurve (Maßstab zur Beurteilung der Belastungen des menschlichen Gehirns).

gung zum Rumpf (Extension) hoch belastet ist. Bei diesen Bewegungen entstehen Zug-, Druck- und Scherkräfte sowie Drehmomente. Je nach Muskulatur und Verhaltensweise des Insassen können dabei schwere Verletzungen auftreten. Mit Freiwilligentests ist versucht worden, Grenzkurven für die Belastung festzulegen. Da diese Versuche verständlicherweise nur bis zur Schmerzgrenze vorgenommen werden können, ist dies bis jetzt noch nicht gelungen. Besonders kritisch kann ein zu hohes Moment am okzipitalen Condylus (Hinterhauptgelenkknochen) sein.

6.3 Schutzkriterien

Die Festlegung der Schutzkriterien wird aus den Belastungsgrenzen abgeleitet und dann auf meßtechnische und rechnerische Verfahren übertragen. Die in der Gesetzgebung angewendeten Größen sind wie folgt definiert.

6.3.1 Kopf

a) Beim Aufschlag auf Fahrzeugteile (z. B. Armaturenbrett) sollen $80\,g$ über einen Zeitraum von mehr als 3 ms nicht überschritten werden.

b) Das HIC (Head Injury Criterion, Kopfverletzungskriterium) wird aus folgenden Größen gewonnen:

$$\mathrm{HIC} = \left(\frac{1}{t_2 - t_1} \int_{t_1}^{t_2} a_{\mathrm{res}} \cdot \mathrm{d}t \right)^{2,5} \cdot (t_2 - t_1) < 1000 \ . \tag{3}$$

Die resultierende Kopfbeschleunigung wird in Mehrfachen von g und die Zeit in Sekunden eingesetzt. t_1 und t_2 sind beliebige Zeitpunkte, und a_{res} stellt die resultierende Kopfbeschleunigung als Funktion der Zeit dar. Das HIC wird mittels eines iterativen Rechenverfahrens ermittelt, so daß für zu bestimmende Zeitgrenzen t_1 und t_2 des Beschleunigungsverlaufes das HIC seinen Maximalwert erreicht. Als Grenzwert ist 1000 festgesetzt. Der Verlauf der Beschleunigung-Zeit-Funktion geht deutlich in die Größe des HIC ein. Bild 35 zeigt den HIC-Wert für einen rechteckigen, einen dreieckförmigen und einen halbsinusförmigen Verlauf der Kopfbeschleunigung. Trotz gleicher Maximalbeschleunigung schwankt der Wert zwischen 246 und 1000.

6.3.2 Brust

Für die Brust gelten folgende Werte:

- Beim Aufprall eines Körperrumpfes auf das Lenkrad muß die Kraft $< 11\,340\,\mathrm{N}$ sein.
- Bei Unfallsimulationsversuchen soll die resultierende Beschleunigung $< 60\,g$ sein. Spitzen, die weniger als 3 ms andauern, werden nicht betrachtet.

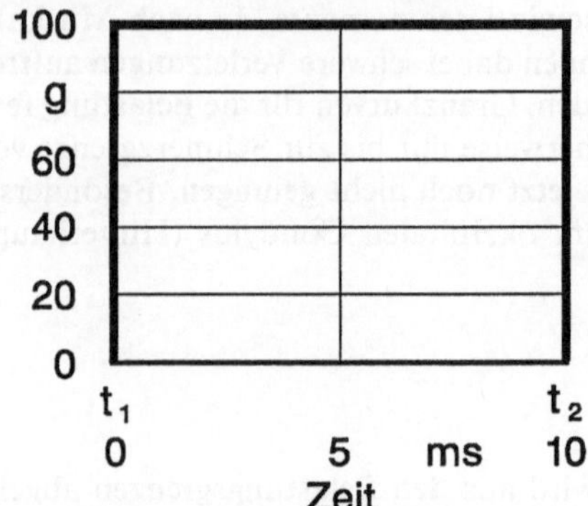

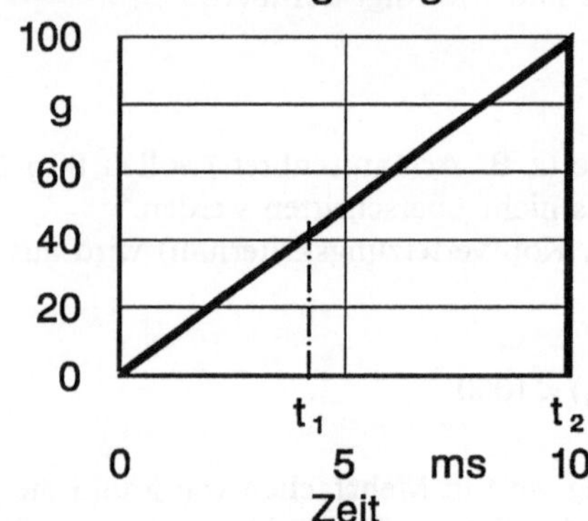

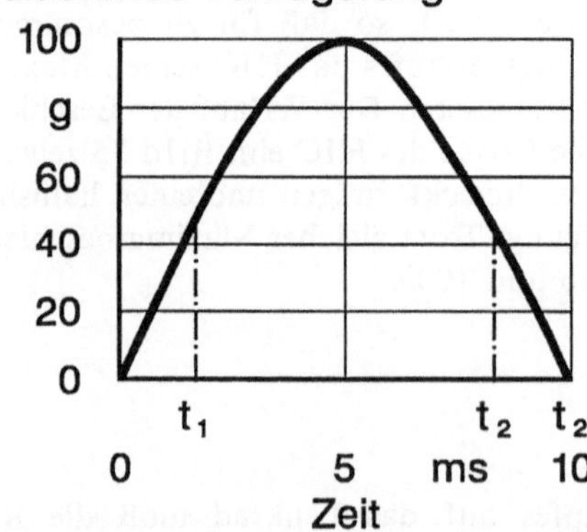

Bild 35. Kopfverletzungsschwere (HIC) als Funktion unterschiedlicher Verzögerung-Zeit-Verläufe.

- Beim Seitenaufprall nach US-Norm soll der TTI (Thoracic Trauma Index), gemessen an einer dreidimensionalen Versuchspuppe, nicht größer als 85/90 g (4-türig/ 2-türig) sein. Die Größe TTI berechnet sich wie folgt:

$$TTI = 0{,}5\,(G_R + G_{LS}) \; ; \tag{4}$$

G_R größte gemessene Rippenbeschleunigung (der oberen oder unteren Rippe) in g,
G_{LS} Maximalwert der unteren Wirbelsäulenbeschleunigung in g.

Die Kriterien für das zur Zeit diskutierte europäische Seitenaufprall-Testverfahren sind auf Seite 91/92 beschrieben.

6.3.3 Becken

Beim Seitenaufprall an dreidimensionalen Versuchspuppen gemessen, darf die auftretende Beschleunigung nicht größer als 130 g sein.

6.3.4 Oberschenkel

Je Oberschenkel darf die an dreidimensionalen Versuchspuppen gemessene Kraft 10 200 N nicht überschreiten.

6.4 Simulationseinrichtungen

6.4.1 Kopf

Bild 36 zeigt die für Pendelaufschlagversuche auf das Armaturenbrett benutzte Kopfaufschlagform mit der zugehörigen Prüfeinrichtung. Die in SAE J 921 [23] spezifizierte reduzierte Pendelmasse von 6,8 kg ist mit Beschleunigungsaufnehmern bestückt. Der Kopf kann auch mit einer Folie beklebt werden, die die maximale auftretende Flächenpressung beim Aufschlag auf feste Teile anzeigt.

6.4.2 Rumpf

Für das Messen der Kraft in horizontaler Richtung beim Aufprall auf die Lenkanlage wird als Belastung ein Körperblock nach SAE 944a verwendet. Dieser Körperblock repräsentiert den Rumpf eines 50%-Mannes und wiegt 36 kg (Bild 37).

6.4.3 Gesamtkörper

Für die Simulation des gesamten Körpers gibt es zahlreiche Versuchspuppen. Sie reichen von den Kinderdummies (verschiedener Altersstufen) über die 5%-Frau, den 50%-Mann bis hin zum 95%-Mann. Bild 38 zeigt einen Größenvergleich. Für die eigentliche Prüfung der Einhaltung der gesetzlichen Vor-

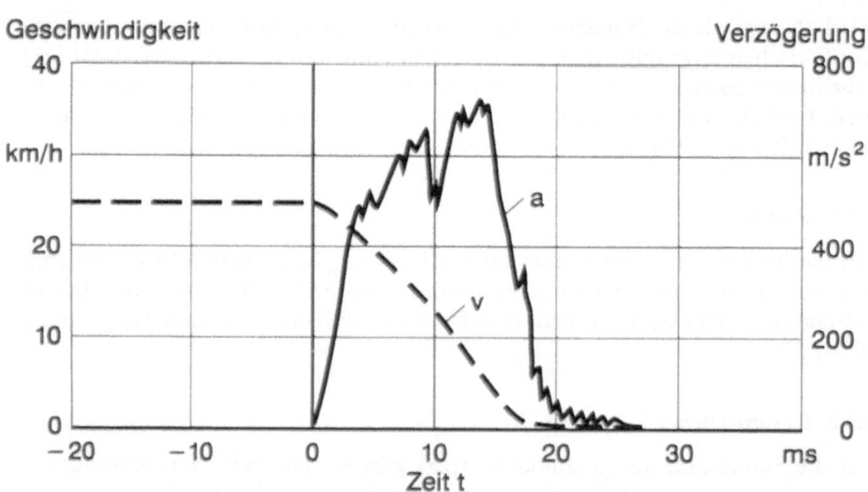

Bild 36. Versuchsaufbau und Versuchsergebnisse eines Pendelaufschlagversuches auf das Armaturenbrett.

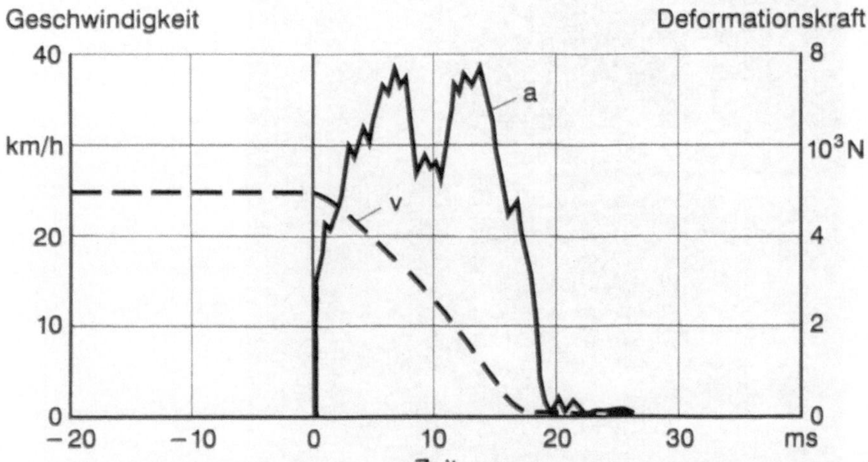

Bild 37. Versuchsaufbau und Versuchsergebnisse eines Körperblock-Lenkrad-
aufprallversuches.

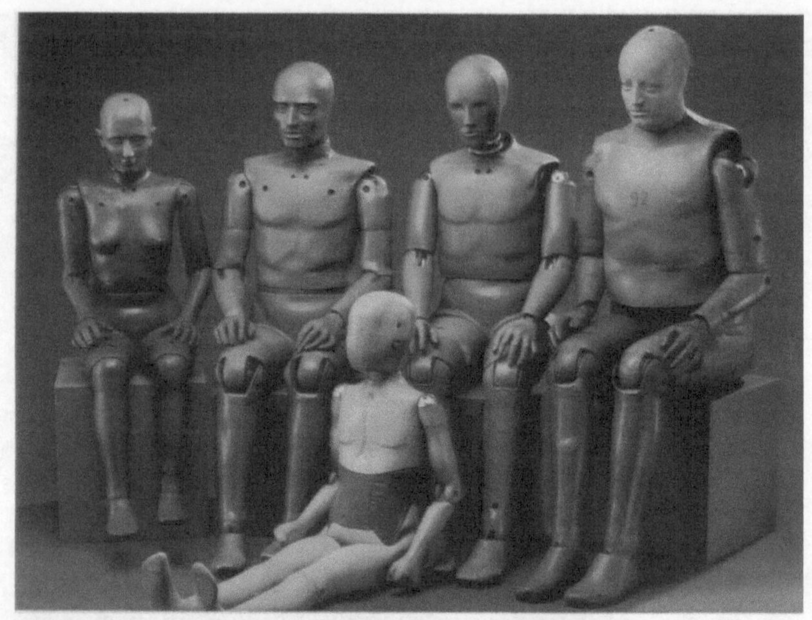

Bild 38. Versuchspuppen für die Unfallsimulation.

46

schriften werden vier Arten von Versuchspuppen eingesetzt: der Hybrid II, der Hybrid III, der Side Impact Dummy (US-SID) und die europäische Seitenaufprallpuppe Euro-SID.

Bild 39 zeigt eine Hybrid-II-Versuchspuppe (Verkleidung teilweise entfernt). In Kopf, Brust, Becken und Oberschenkel können Meßwertaufnehmer installiert werden. Bild 40 demonstriert die Hybrid-III-Versuchspuppe. Sie ist in folgenden Merkmalen gegenüber Hybrid II verändert:

Bild 39. Prinzipieller Aufbau einer
Hybrid-II-Unfallversuchspuppe.

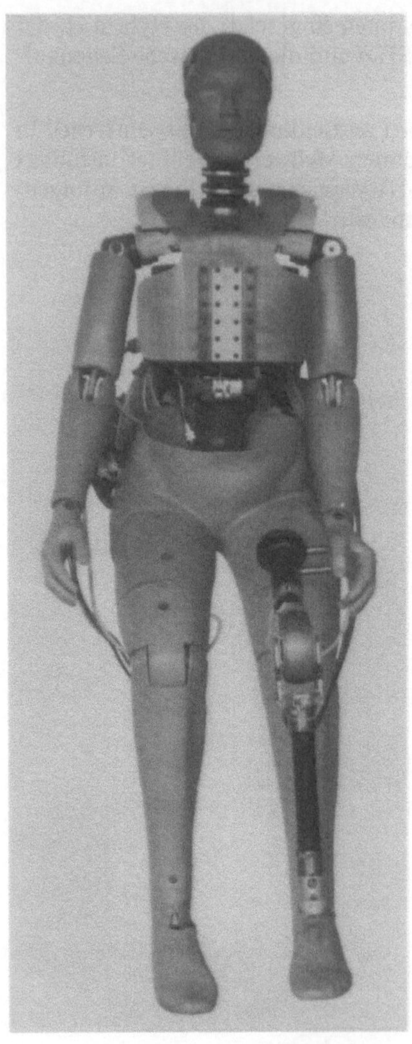

Bild 40. Prinzipieller Aufbau einer Hybrid-
III-Unfallversuchspuppe.

- 38 mm kleiner als Hybrid II;
- „menschenähnlichere Fahrerhaltung"
  (dadurch ist der Abstand zum Lenkrad 58 mm geringer als bei Hybrid II);
- kompliziert gegliedertes Halselement (größere Flexibilität als Hybrid II),
- 34 Meßgrößen gegenüber 11 beim Hybrid II,
  zusätzliche Meßvorrichtungen für
  a) Halskräfte und -momente,
  b) Brusteindrückung,

c) Kräfte und Momente an Schienbein, Knie und Oberschenkel;
– modifiziertes und gekrümmtes Element für Lendenwirbelsäule.

Im Vergleich zum Hybrid II ergibt sich bei der Hybrid-III-Versuchspuppe beim Frontalaufprall eine größere Vorwärtsverlagerung und Drehbewegung des Kopfes.

Bild 41 zeigt die für den US-Seitenaufprall eingesetzte Versuchspuppe. Sie ist durch spezielle, geometrische Abmessungen und Besonderheiten, z. B. die Arme, gekennzeichnet.

Bei allen Versuchspuppen sind Meßwertaufnehmer im Kopf, in der Brust, im Becken und gegebenenfalls in den Oberschenkeln installiert. Gemessen werden Beschleunigungen, Kräfte und Deformationswege.

Die Kenntnisse über Verletzungsmechanismen und Belastungsgrenzen nehmen zu, und davon abgeleitet unterliegt die Verbesserung der Prüfeinrichtungen und -methoden einem ständigen Optimierungsprozeß. Die ersten Anfänge, Versuchspuppen durch mathematische Modelle zu ersetzen, sind gemacht.

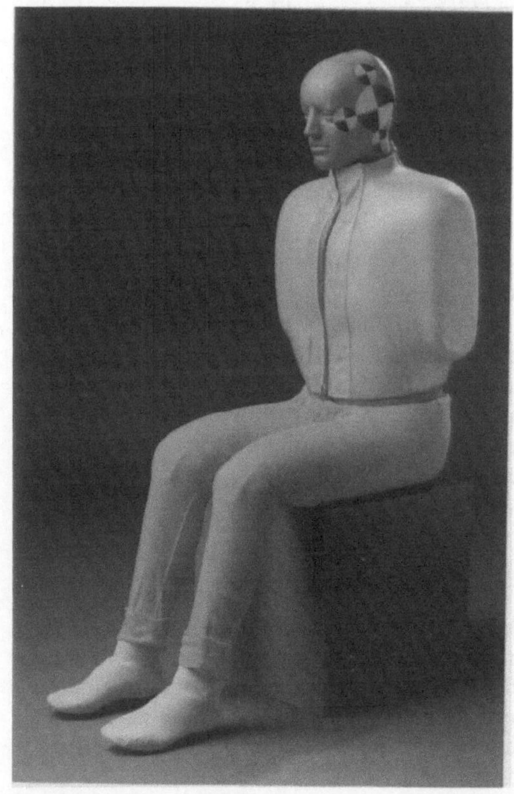

Bild 41. Versuchspuppe für den Seitenaufprall.

7 Quasistatische Anforderungen an die Karosserie

Heutige Fahrzeuge haben überwiegend selbsttragende Karosserien. Es ist erstaunlich, welche großen Kräfte eine Karosserie mit einer Eigenmasse von rd. 260 kg, wie im Fall des VW Golf, aufnehmen kann. Bild 42 (s. Farbbildteil) zeigt Beispiele von auftretenden Belastungen. An die Karosserie werden neben der Fähigkeit, Kräfte und Momente aus den Alltagsbeanspruchungen aufzunehmen, auch zahlreiche sicherheitstechnische Forderungen gestellt.

7.1 Sitz- und Sicherheitsgurtverankerungspunkt-Tests

Für den Fall, daß das innenliegende Sicherheitsgurtschloß am Sitz befestigt ist, werden Sitz und Verankerungspunkte gleichzeitig geprüft. Bild 43 demonstriert den Prüfaufbau. Über die Körperblöcke wird mit Zugbändern die Kraft gleichmäßig entsprechend FMVSS 210 aufgebracht. Je Sitzplatz müssen mehr als 14000 N Widerstand geleistet werden. Die Verstärkung im Bereich der oberen Befestigungspunkte in den B-Säulen muß so ausgeführt sein, daß ein Einreißen der B-Säule infolge zu großer Steifigkeit vermieden wird.

Die Sitze selbst können im Regelfall die am Verankerungspunkt auftretenden Kräfte nicht aufnehmen, da der Sitz nur das 20fache seines Eigengewichtes als Kraft über einen Zeitraum von 30 ms aushalten kann. Für den innenliegenden Verankerungspunkt bedient man sich des steifen Fahrzeugmitteltunnels, wo die zackenförmige Sitzführungsschiene befestigt ist. Bild 44 zeigt die entsprechende Konstruktion. Bei einer Belastung durch Unfall rastet der Verankerungspunkt fest ein. Sitze, an denen auch der obere Gurtverankerungspunkt angebracht ist, müssen über die Lehne die Kräfte und Momente abstützen und sind wegen der notwendigen Steifigkeit sehr schwer gebaut.

7.2 Dachfestigkeit

Zur Überprüfung der Dachfestigkeit entsprechend FMVSS 216 wird eine Platte verwendet, die um 25° nach außen (bezogen auf die horizontale Fahrzeuglängsebene) und um 5° nach vorn geneigt ist. Als Anforderung gilt, daß bei einer Belastung mit dem eineinhalbfachen des Leergewichts (maximal jedoch 5000 pounds ≙ 2267 kg) die Eindrückung (senkrecht zur Plattenoberfläche) 5 inches (≙ 12,7 cm) nicht überschreiten darf.

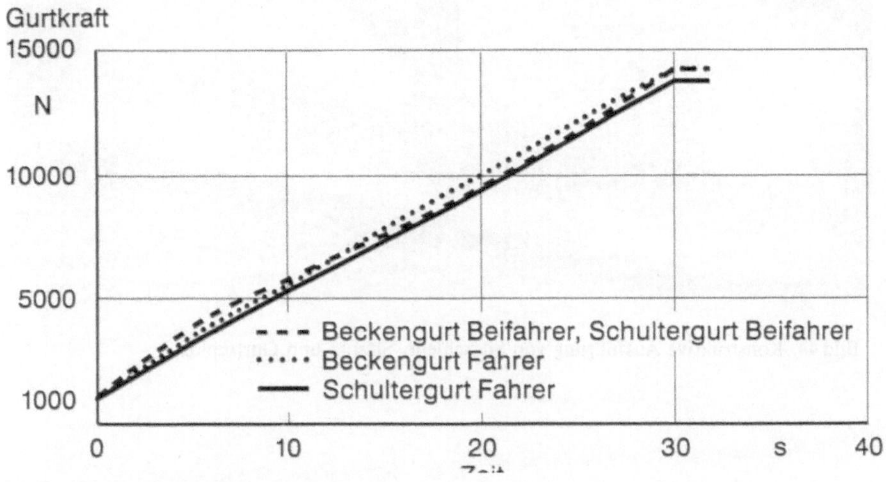

Bild 43. Prüfaufbau und Versuchsergebnisse eines Sitz- und Sicherheitsgurtverankerungstests.

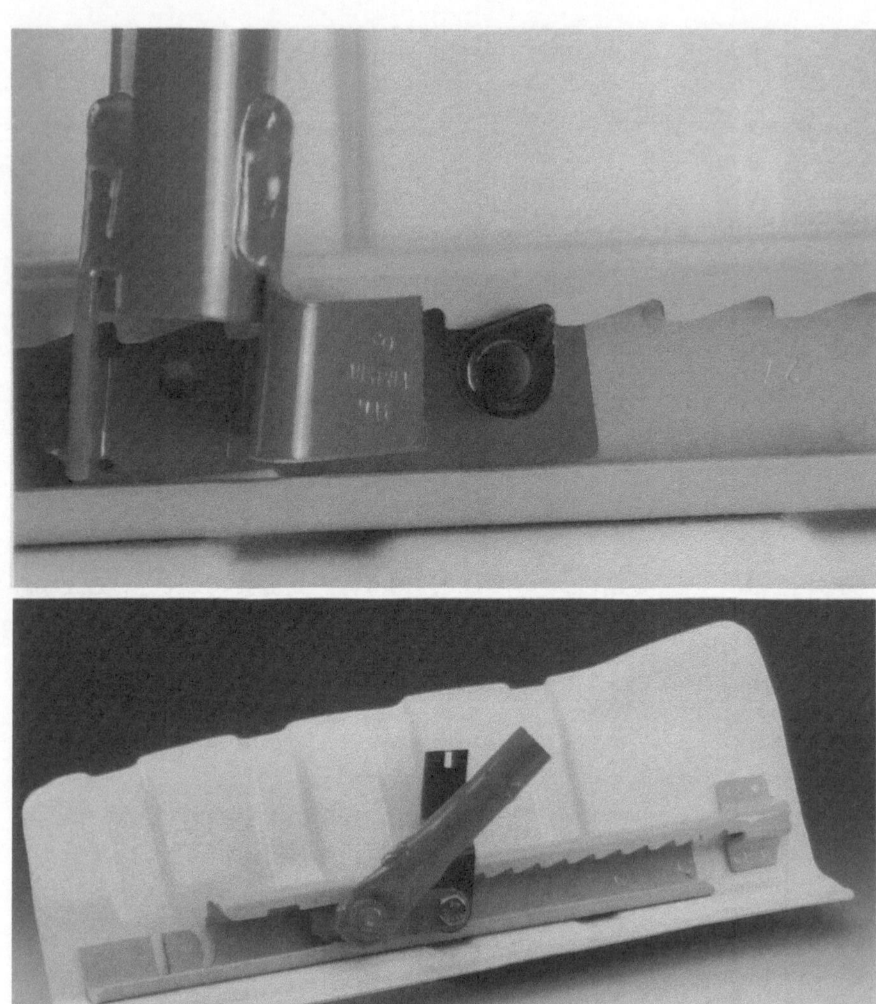

Bild 44. Konstruktive Ausführung von Sitzschiene, Sitzfuß und Gurtschloß.

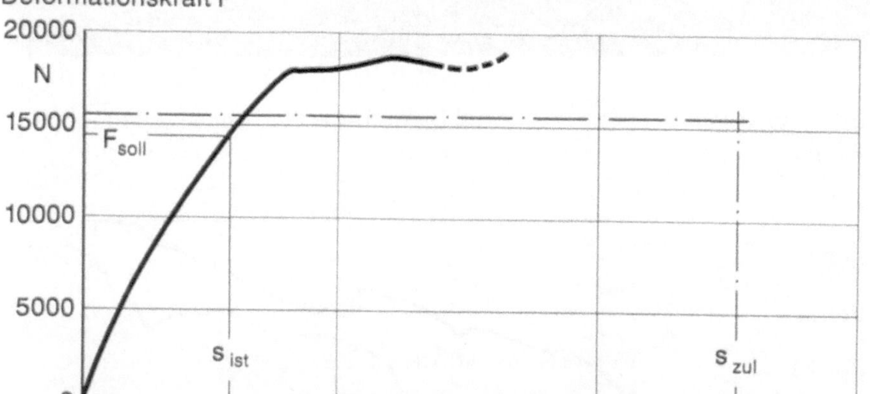

Bild 45. Versuchsaufbau und Versuchsergebnisse eines quasistatischen Dacheindrück-
versuches.

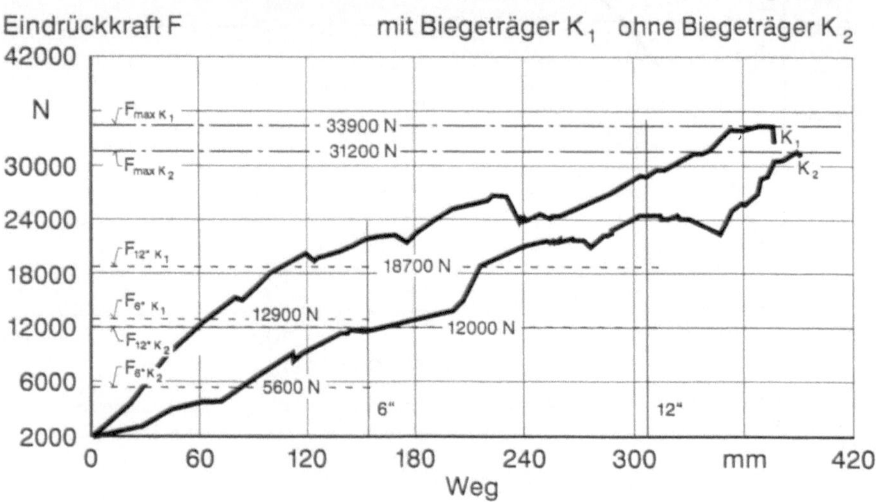

Bild 46. Versuchsaufbau und Versuchsergebnisse (für eine Tür mit und ohne Biegeträger) eines Türeindrückversuches.

54

Im Bild 45 sind der Prüfaufbau und ein typischer Kraft-Weg-Verlauf dargestellt. Die Widerstandskraft wird vor allen Dingen durch die A-Säule (Wind-
schutzscheibensäule) aufgebracht.

7.3 Seitenstruktur

Neben den Erprobungen durch dynamische Testverfahren gibt es nach
FMVSS 214 auch einen quasistatischen Test. Bei diesem Versuch wird ein Zylin-
der senkrecht zur Fahrzeuglängsachse in die Tür gedrückt. Die Unterkante des
Zylinders ist dabei 5 inches ($\triangleq$ 12,7 cm) über dem untersten Punkt der Tür. Der
Prüfkörper hat einen Durchmesser von 12 inches ($\triangleq$ 30,5 cm). Seine Höhe muß
mindestens so bemessen sein, daß er die Unterkante des Fensterausschnittes um
mindestens 1/2 inch ($\triangleq$ 1,27 cm) überragt. Bild 46 zeigt die Widerstandsfähigkeit einer Karosserie, wobei eine Tür mit und ohne Biegeträger geprüft wurde.
Bei derartigen Versuchen wird die erreichbare Höchstkraft durch die Fähigkeit
zur Kraftübertragung über Schloß und Scharniere auf die A- und B-Säulen begrenzt, so daß in beiden Fällen (mit und ohne Biegeträger) etwa die gleiche
Höchstkraft erreicht wird. Deutliche Unterschiede bestehen in dem erreichten
Niveau bei 6 inches ($\triangleq$ 15,2 cm) und bei 12 inches ($\triangleq$ 30,5 cm). Besonders zu Beginn der Deformation bietet eine Tür mit Biegeträger erheblich mehr Wider-
stand gegen das Eindringen eines anderen Körpern (Hindernis, Unfallpartner).

Die Zweckmäßigkeit derartiger quasistatischer Versuche wird immer wieder diskutiert. Nach Meinung des Verfassers simulieren sie Basisanforderungen, auf
denen sich weitergehende Forderungen aufbauen lassen.

8 Dynamische Fahrzeugkollisionen

8.1 Frontale Kollision

Zur Überprüfung einer eventuellen Beschädigung der Scheinwerfer, Leuchten und weiterer, für die Sicherheit wichtiger Bauteile (z. B. bewegliche Fahrwerksteile) bei niedriger Geschwindigkeit werden ein Fahrzeugaufprall gegen eine feste Wand und ein Pendelaufschlagversuch gegen den Stoßfänger durchgeführt. Während es in den USA auch hierzu ein Gesetz gibt, ist in Europa diese Anforderung nur in einigen Ländern zwingend. Der Schadensumfang am Fahrzeug bei niedrigen Aufprallgeschwindigkeiten wird indirekt über die Einstufung in die Kfz-Versicherungsklassen abgedeckt, wodurch weniger der sicherheitstechnische Aspekt, sondern vielmehr die Kosten im Reparaturfall berücksichtigt werden. Bis zu Aufprallgeschwindigkeiten von 8 km/h sollen möglichst keine bleibenden Beschädigungen auftreten.

Bei höheren Aufprallgeschwindigkeiten muß die Bewegungsenergie der Kollisionspartner zum größten Teil durch die Deformation von Fahrzeugbauteilen abgebaut werden. Bei einer Frontalkollision gegen ein festes Hindernis, das 90° zur Fahrzeuglängsrichtung steht, ergeben sich als Beispiel die im Bild 47 dargestellten Verzögerungs-, Geschwindigkeitsänderungs- und Deformations-Zeit-Verläufe. Der Rückprall, erkenntlich an der negativen Geschwindigkeit, zeigt, daß auch für diesen Fall ein elastischer Anteil (des Fahrzeuges) von rd. 10% vorhanden ist, so daß beim Aufprall gegen eine feste Wand mit 50 km/h die gesamte Geschwindigkeitsänderung rd. 55 km/h beträgt. Die von dem aufprallenden Fahrzeug auf die Barriere übertragenen Kräfte sind im Bild 48 zu erkennen. An der vor der Barriere angebrachten Kraftmeßplatte wurden in Meßsegmenten von 325 mm × 325 mm Größe die dargestellten Deformationskräfte gemessen. Beim Aufprall eines rd. 1000 kg schweren Pkw mit 50 km/h gegen eine feste Wand ergab sich als höchste Einzelkraft 128 kN, bei der Addition der Einzelkräfte ergeben sich rd. 300 kN als Spitzenwert. Der Aufprall gegen eine feste Wand läßt sich unter Annahme eines plastischen Stoßes mit folgenden Größen beschreiben:

$\ddot{s}_{\mathrm{FZ}}$ Verzögerung des Fahrzeuges während des Aufpralles als $f(t)$,

$\dot{s}_{\mathrm{FZ}}$ Geschwindigkeit des Fahrzeuges während des Aufpralles als $f(t)$,

s_{FZ} Weg des Fahrzeuges während des Aufpralles als $f(t)$,

$F, \bar{F}$ Deformationskraft, mittlere Deformationskraft,

v_{i} Aufprallgeschwindigkeit,

Δv Geschwindigkeitsänderung.

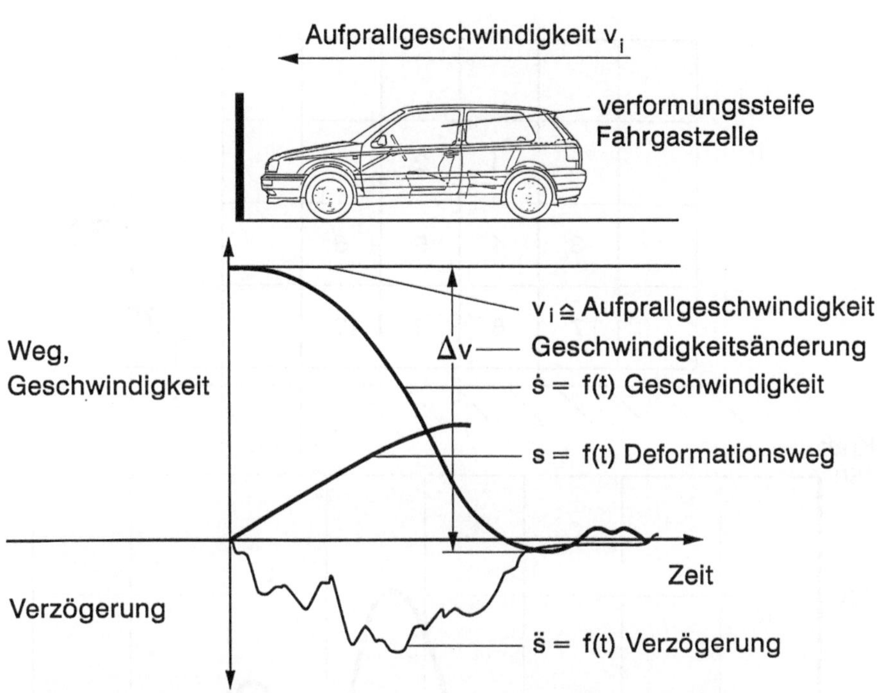

Bild 47. Prinzipielle Verläufe von Verzögerung, Geschwindigkeit und Deformationsweg bei einem Frontalaufprall.

Nimmt man ferner an, daß die Deformationskraft konstant ist, und weiter gilt $\ddot{s}_{FZ} = -a$, $\dot{s}_{FZ(t=0)} = v_i$, $s_{FZ(t=0)} = 0$, so ergibt sich

$$\ddot{s}_{FZ(t)} = -a \quad \text{und} \quad \frac{m_{FZ}}{2}(v_i^2 - \dot{s}^2) = \int_0^s F \cdot ds = \bar{F} \cdot s_{FZ} \,, \tag{5}$$

$$\dot{s}_{FZ(t)} = -a \cdot t + v_i \,, \tag{6}$$

$$s_{FZ(t)} = -\frac{a \cdot t^2}{2} + v_i \cdot t \,, \tag{7}$$

$$s_{FZ(s)} = \frac{v_i^2 - \dot{s}^2}{2a} \,. \tag{8}$$

Ersetzt man die mittlere Deformationskraft durch $\bar{F} = m_{FZ} \cdot a$, dann ergibt sich aus Gl. (5) eine weitere interessante Tatsache:

$$\frac{m_{FZ}}{2} \cdot v_i^2 = m_{FZ} \cdot a \cdot s_{FZ} \tag{9}$$

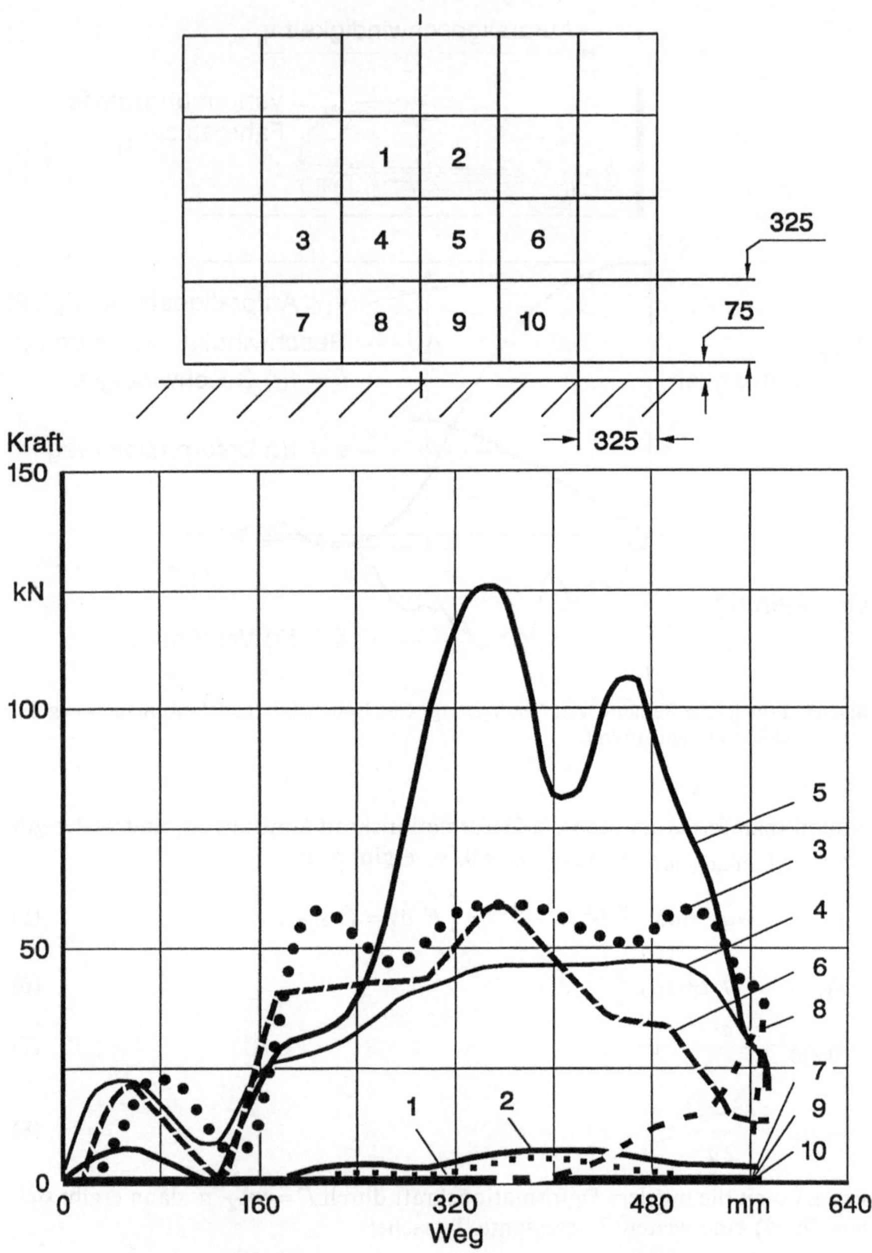

Bild 48. Gemessene Kräfte beim Aufprall eines rd. 1000 kg schweren Pkw mit 50 km/h gegen eine feste Wand.

58

oder

$$v_i^2 = 2\,a \cdot s_{FZ} \ . \tag{10}$$

Daraus folgt, daß sich beim frontalen Aufprall die Deformationskräfte unterscheiden können. Je größer die Fahrzeugmasse ist, desto größer ist der Wert $F = m \cdot a$. Es gilt aber auch, daß wegen der Insassenbeanspruchung – gleiche Verzögerung vorausgesetzt – die Deformationswege beim Aufprall gegen ein festes Hindernis aufprallgeschwindigkeitsabhängig und nicht masseabhängig sind. Bild 49 zeigt einige Verzögerung-Zeit-Verläufe für Fahrzeuge mit Front-, Längs- und Quermotoren sowie für Standardantriebe. Bei einer Aufprallgeschwindigkeit von rd. 50 km/h haben die meisten der heutigen Fahrzeuge Deformationswege von 450 bis 750 mm. Diese Deformationswege steigen bei Aufprallgeschwindigkeiten von 35 mph ($\triangleq$ 56 km/h) um rd. 100 bis 150 mm.

Während beim geraden, zentrischen Aufprall gegen eine feste Wand nur durch Asymmetrien eine kaum meßbare Fahrzeugquerverzögerung auftritt, ist diese beim Aufprall gegen eine feste 30°-Barriere (der Winkel zwischen Barrierenoberfläche und Fahrzeuglängsachse beträgt 60°) oder bei Offset-Aufprallversuchen deutlich vorhanden. Bild 50 zeigt die unterschiedlichen Verzögerung-Zeit-Funktionen und die verschiedenen Geschwindigkeit-Zeit-Verläufe.

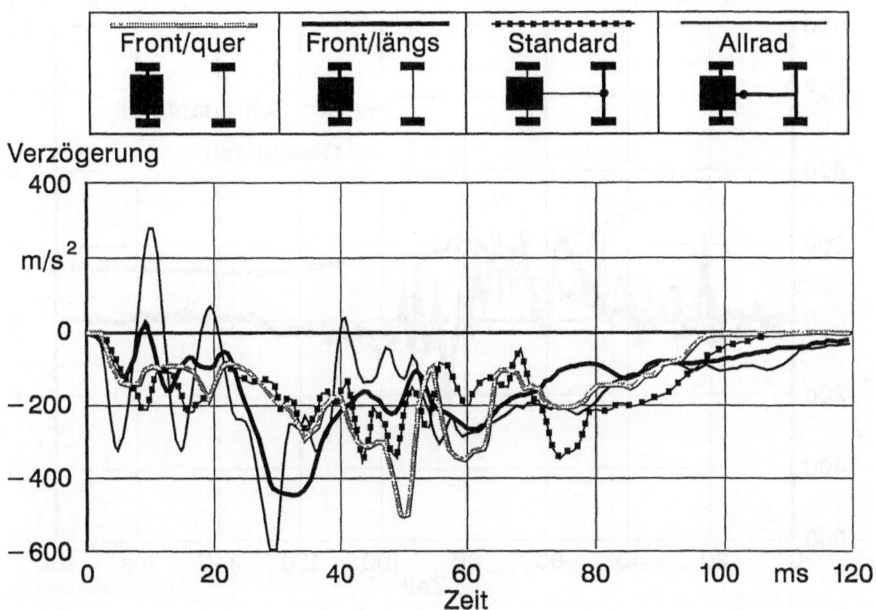

Bild 49. Verzögerung-Zeit-Verläufe für Fahrzeuge mit verschiedenen Antriebskonzepten (Frontantrieb, Längs- und Quermotoren).

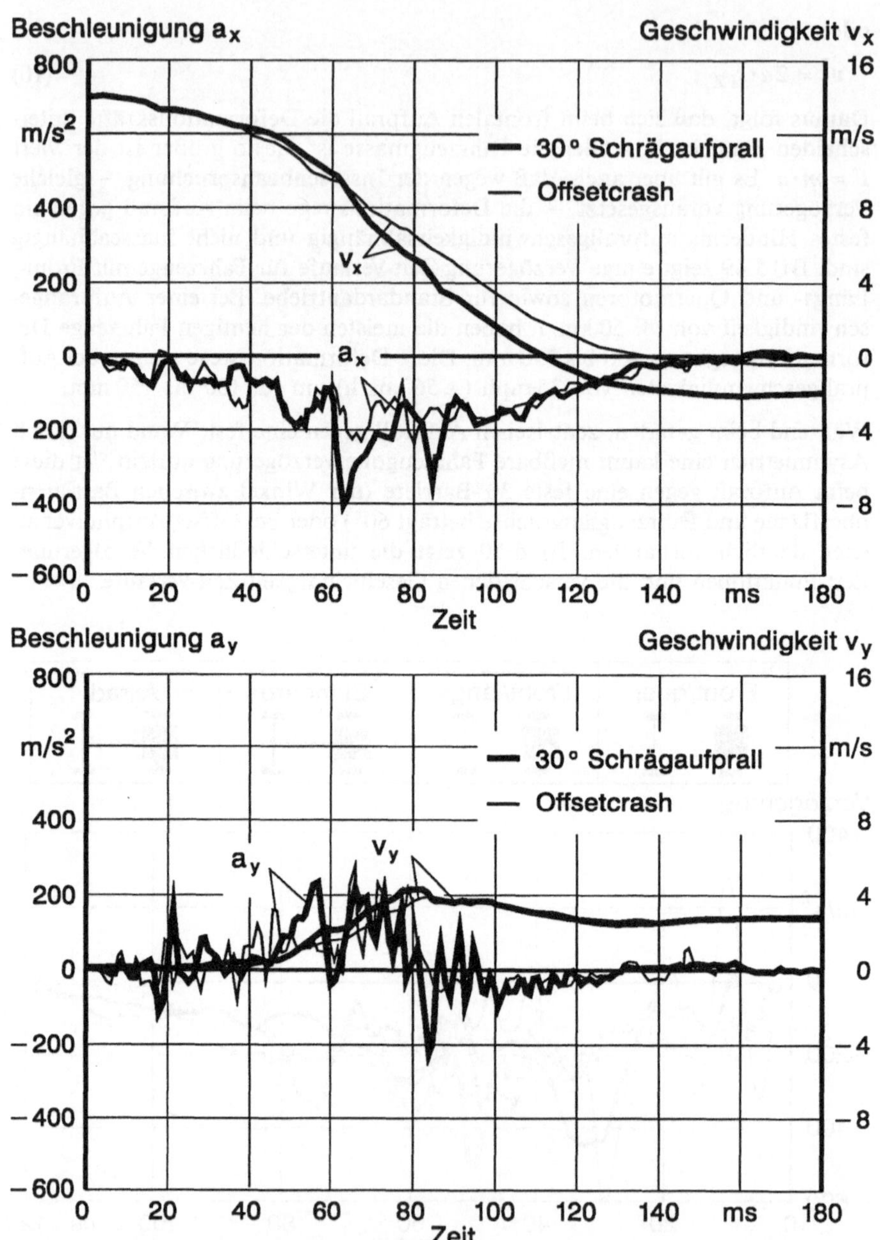

Bild 50. Verzögerung- und Geschwindigkeit-Zeit-Verläufe für unterschiedliche Kollisionsarten (Frontalaufprall, 30°Schrägaufprall, Offsetaufprall), a_x Fahrzeuglängsrichtung, a_y Fahrzeugquerrichtung.

Das Verhalten beim 30°-Aufprall ähnelt sehr stark einem frontalen Fahrzeug-Fahrzeug-Zusammenstoß, und durch die Abgleitphase im Vergleich zum Frontalaufprall führt dies eher zu einer schwächeren Belastung. Im Gegensatz dazu ist der Offset-Aufprall eine extrem starke Beanspruchung für die Fahrzeugstruktur. Der größte Teil der zu absorbierenden Energie muß von einer Fahrzeugseite aufgenommen werden. Die jeweiligen Geschwindigkeitsänderungen (im Schwerpunkt) Δv_x und Δv_y betragen, auf die Fahrzeugmitte bezogen,

	v_i	Δv_x	Δv_y
30°-Aufprall	≈ 50	57,6	14,4 km/h
40%-Offset-Aufprall	≈ 50	52,2	13,7 km/h.

Beim frontalen Zusammenprall zweier Fahrzeuge mit den Massen m_1 und m_2 gelten nun folgende Zusammenhänge:

$$\frac{m_1 \cdot v_{i1}^2}{2} + \frac{m_2 \cdot v_{i2}^2}{2} = \frac{1}{2}(m_1 + m_2) \cdot u^2 + F \cdot (\Delta s_1 + \Delta s_2) \ . \tag{11}$$

u ist die gemeinsame Geschwindigkeit nach dem Stoß:

$$u = \frac{m_1 \cdot v_{i1} + m_2 \cdot v_{i2}}{m_1 + m_2} \ . \tag{12}$$

Beim Einsetzen der Anfangsrelativgeschwindigkeit

$$v_r = v_{i1} - v_{i2} \tag{13}$$

beider Fahrzeuge ergibt sich aus den Gln. (11) und (12)

$$v_r^2 = 2F \cdot (\Delta s_1 + \Delta s_2) \cdot \frac{m_1 + m_2}{m_1 \cdot m_2} \ . \tag{14}$$

Damit sind die Geschwindigkeitsänderungen für die Fahrzeuge 1 und 2:

$$\Delta v_1 = v_{i1} - u = (v_{i1} - v_{i2}) \cdot \frac{m_2}{m_1 + m_2} = v_r \cdot \frac{m_2}{m_1 + m_2} \ , \tag{15}$$

$$\Delta v_2 = v_{i2} - u = (v_{i2} - v_{i1}) \cdot \frac{m_1}{m_1 + m_2} = v_r \cdot \frac{m_1}{m_1 + m_2} \ . \tag{16}$$

Für die häufig diskutierte Frage, welche Geschwindigkeit bei einem Frontalaufprall gegen eine feste Wand gewählt werden muß, um eine frontale Kollision zweier identischer Fahrzeuge mit jeweils gleichen Anfangsgeschwindigkeiten $v_{i1} = -v_{i2}$ zu simulieren, gilt, daß dann auch die Geschwindigkeitsänderung der betrachteten Fahrzeuge gleich sein muß, also Δv_{1B} beim Aufprall gegen eine feste Barriere gleich Δv_{1FZ} bei der Fahrzeug-Fahrzeug-Kollision. Für den plastischen Stoß ergeben sich dann folgende Zusammenhänge:

Fall I. Aufprall gegen eine feste Barriere

$$\Delta v_{1\,\mathrm{B}} = (v_{\mathrm{i}1} - v_{\mathrm{i}2}) \cdot \frac{m_2}{m_1 + m_2} \,, \tag{17}$$

mit $m_2 = $ Barriere $= \infty$ und $v_{\mathrm{i}2} = $ Barriere $= 0$,

$$\Delta v_{1\,\mathrm{B}} = v_{\mathrm{i}1} \,. \tag{18}$$

Fall II. Aufprall gegen ein zweites Fahrzeug

$$\Delta v_{1\,\mathrm{FZ}} = (v_{\mathrm{i}1} - v_{\mathrm{i}2}) \cdot \frac{m_2}{m_1 + m_2} \,, \tag{19}$$

mit $m_2 = m_1 = m$ und $v_{\mathrm{i}2} = -v_{\mathrm{i}1}$,

$$\Delta v_{1\,\mathrm{FZ}} = v_{\mathrm{i}1} \,. \tag{20}$$

Somit entspricht der Barrierenaufprall eines Fahrzeuges mit $v_{\mathrm{i}1}$ einem Fahrzeug-Fahrzeug-Aufprall, bei dem jedes Fahrzeug eine Geschwindigkeit von $v_{\mathrm{i}1}$, allerdings entgegengesetzt, hat, oder dem Aufprall eines Fahrzeuges mit $2 \cdot v_{\mathrm{i}1}$ auf ein stehendes Fahrzeug. Ein 50-km/h-Aufprall gegen eine feste Barriere hat

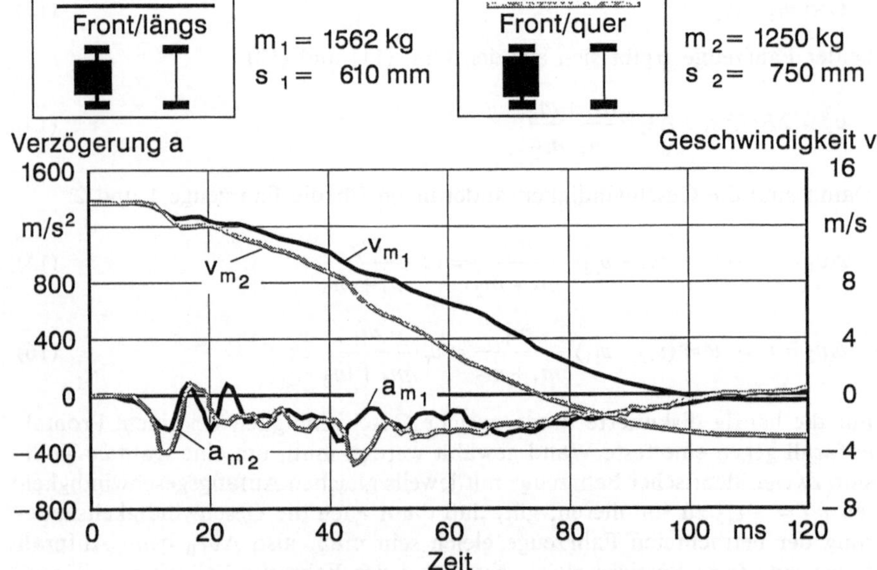

Bild 51. Frontalkollision zweier Fahrzeuge der Massen m_1 und m_2 ($\Delta v = 100$ km/h).

damit, einen plastischen Stoß vorausgesetzt, die gleichen Folgen wie ein Zusammenstoß zweier Fahrzeuge gleicher Masse bei einer Relativgeschwindigkeit von 100 km/h. Berücksichtigt man jedoch die Tatsache, daß das elastische Verhalten bei einem Barrierenaufprall ausgeprägter ist, dann entspricht dies einer Geschwindigkeit von rd. 110 km/h. Dieses Verhalten ändert sich, wenn die Fahrzeugmassen sich unterscheiden. Bild 51 läßt die Unterschiede erkennen. Bei der Frontalkollision zweier Fahrzeuge mit einem Massenverhältnis von rd. 1,25 : 1 beträgt in dem für die Insassenbelastung wichtigen Zeitraum das Verhältnis der Geschwindigkeitsänderungen der Fahrzeuge 1 : 1,25.

8.2 Seitliche Kollision

Auch für die seitliche Kollision gibt es Simulationsverfahren:

- z. B. das im Rahmen des ECE-Entwurfes beschriebene Verfahren. Hierbei fährt eine deformierbare Barriere (950 kg Masse) unter 90° mit 50 km/h in die Seite des zu prüfenden Fahrzeuges.
- Der Aufprall einer starren 4000-pound-Barriere (≙ rd. 1818 kg) unter 90° in die Seite des zu testenden Fahrzeuges ist in den USA gesetzliche Grundlage für die Überprüfung der Kraftstoffanlage inklusive des Tanks. Die relativ schwere Barriere hat eine nicht konturierte Fläche. Der Test wird beiderseitig durchgeführt, die Aufprallgeschwindigkeit beträgt 20 mph (≙ 32 km/h) [24].

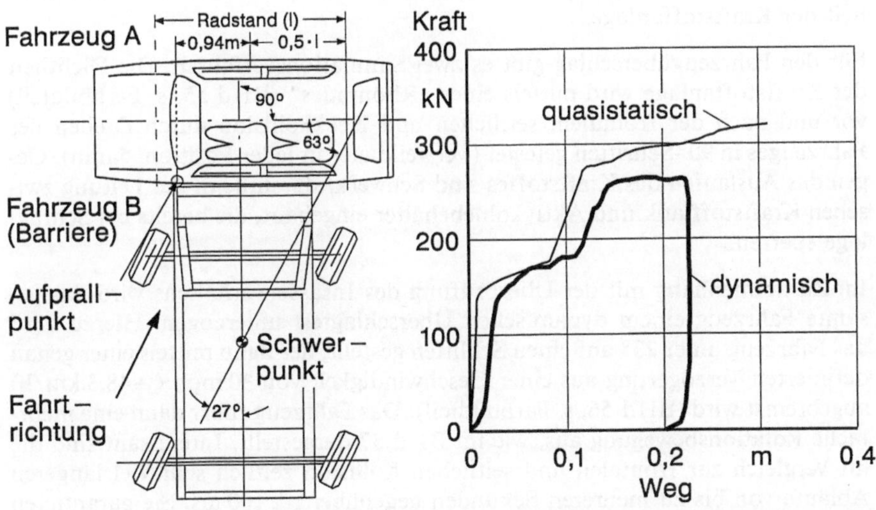

Bild 52. Versuchsanordnung des Seitenaufpralltests nach FMVSS 214 und Kraft-Weg-Kennung der eingesetzten Barriere.

– Ab 1993 ist in den USA ein zusätzlicher seitlicher Aufpralltest nach FMVSS
  214 vorgeschrieben. Hierbei wird eine Barriere von 1365 kg mit einer Geschwindigkeit von 54 km/h in einer „Crabbed"-Kondition mit dem Mittelpunkt der Barriere in die Seite des zu prüfenden Fahrzeuges gefahren.
  Bild 52 zeigt die Prüfanordnung, die Bewegungsrichtung dieser Barriere
  und die Kraft-Weg-Kennung des im Vorderteil der Barriere angebrachten
  Stoßkörpers. Bild 53 zeigt die an der Barriere und dem zu prüfenden Fahrzeug auftretenden Verzögerung- und Geschwindigkeit-Zeit-Verläufe. Bei diesem Vergleich fuhr die Barriere mit 53,9 km/h in die Seite des zu prüfenden
  Fahrzeuges (1553 kg Testmasse).

Da dieses Prüfverfahren sehr aufwendig ist und sich die Reproduzierbarkeit in
Grenzen hält, wird von den Automobilherstellern der Europäischen Gemeinschaft ein anderes Verfahren vorgeschlagen, das im Bild 54 dargestellt ist. In
einem quasistatischen Test wird der Aufprall eines Fahrzeuges und anschließend
das des Insassen gegen die Türinnenseite simuliert. Auf diese Alternative, bei
der Struktur und Insassenbewegung berücksichtigt werden, wird später eingegangen (siehe Abschn. 11.4).

8.3 Heckkollision und Fahrzeugüberschlag

Bei der Heckkollision wird, wie beim Seitenaufprall, ebenfalls die starre
1800-kg-Barriere eingesetzt, die mit 48,3 km/h auf das Heck des zu prüfenden
Fahrzeuges in Fahrzeuglängsrichtung fährt. Kriterium ist wiederum die Dichtheit der Kraftstoffanlage.

Für den Fahrzeugüberschlag gibt es zwei Simulationsverfahren. Die Dichtheit
der Kraftstoffanlage wird mittels eines „Rhönrades" (Bild 55, s. Farbbildteil)
vor und nach der frontalen, seitlichen und Heckkollision durch Drehen des
Fahrzeuges in 90°-Schritten getestet (Verweildauer in jeder Position: 5 min). Gegen das Auslaufen des Kraftstoffes sind Schwerkraftventile in der Leitung zwischen Kraftstofftank und Aktivkohlebehälter eingebaut, die bereits bei Schräg-
lage sperren.

Im Zusammenhang mit der Überprüfung des Insassenverhaltens wird das gesamte Fahrzeug einem dynamischen Überschlagtest unterzogen. Hierzu wird
das Fahrzeug unter 23° auf einen Schlitten gestellt, der dann mittels einer genau
definierten Verzögerung aus einer Geschwindigkeit von 30 mph ($\hat{=}$ 48,3 km/h)
abgebremst wird (Bild 56, s. Farbbildteil). Das Fahrzeug führt dann eine mehr-
fache Rotationsbewegung aus, wie im Bild 57 dargestellt. Interessant sind die
im Vergleich zur frontalen und seitlichen Kollision zeitlich sehr viel längeren
Abläufe von bis zu mehreren Sekunden gegenüber rd. 100 ms. Sie garantieren
den angegurteten Insassen eine hohe Überlebenschance ohne große Verletzungen.

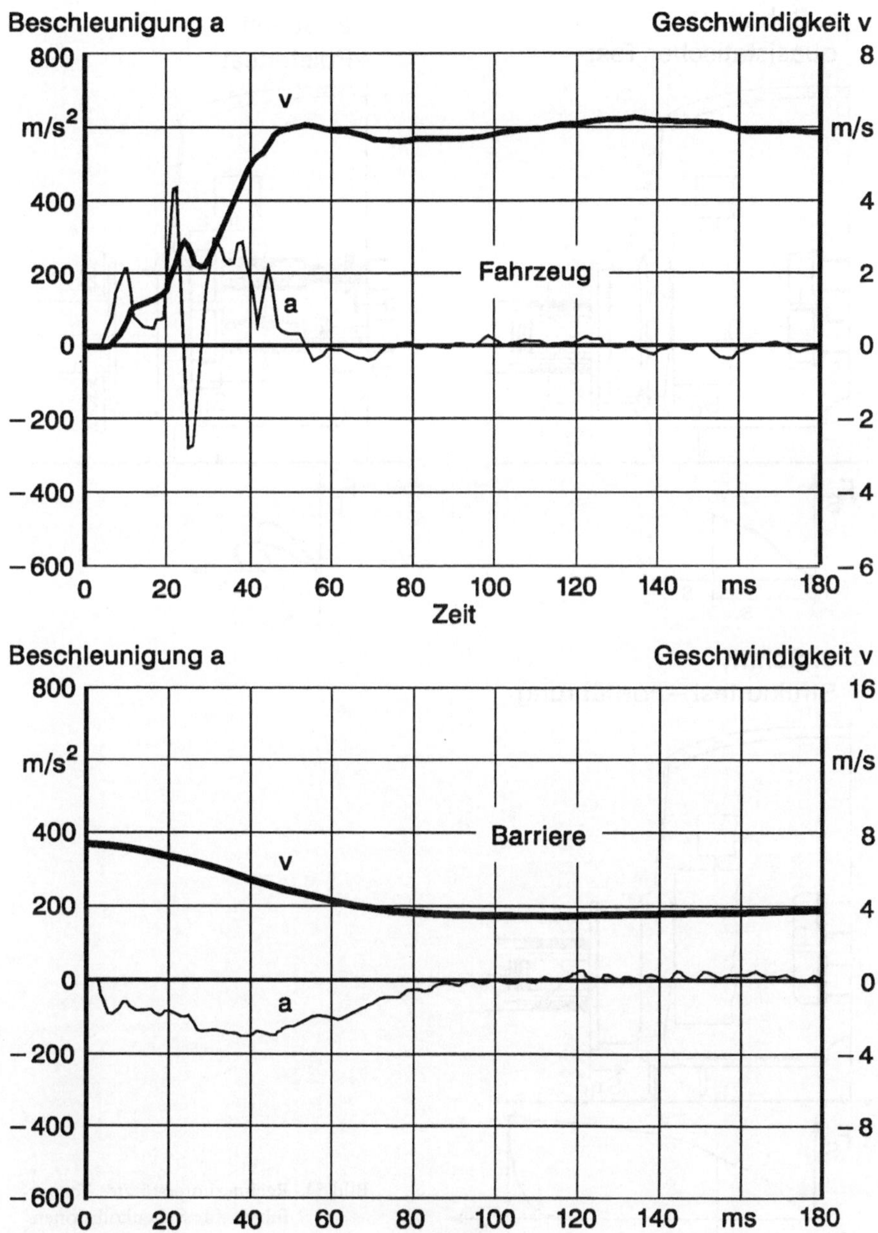

Bild 53. Verzögerung-Zeit- und Geschwindigkeit-Zeit-Verläufe von Barriere und gestoßenem Fahrzeug beim Seitenaufprall nach FMVSS 214.

1. Schritt
quasistatischer Test

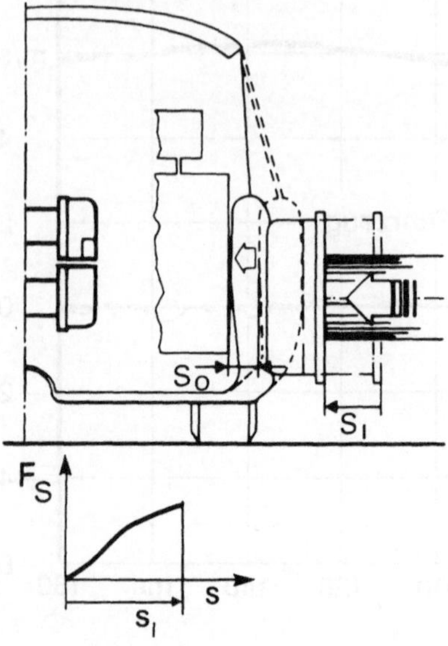

2. Schritt
Polstertest

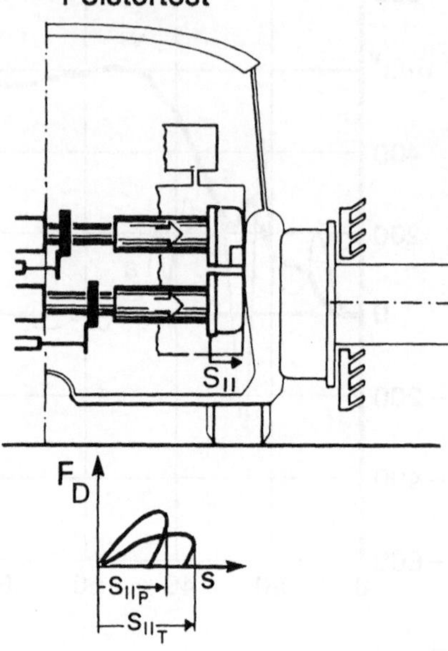

3. Schritt
Strukturtest – Fortführung

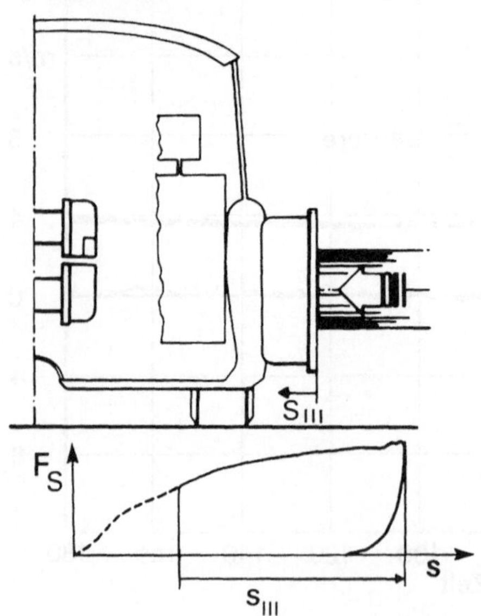

Bild 54. Rechnerunterstütztes Testverfahren für Seitenkollisionen (CTP: Composite Test Procedure).

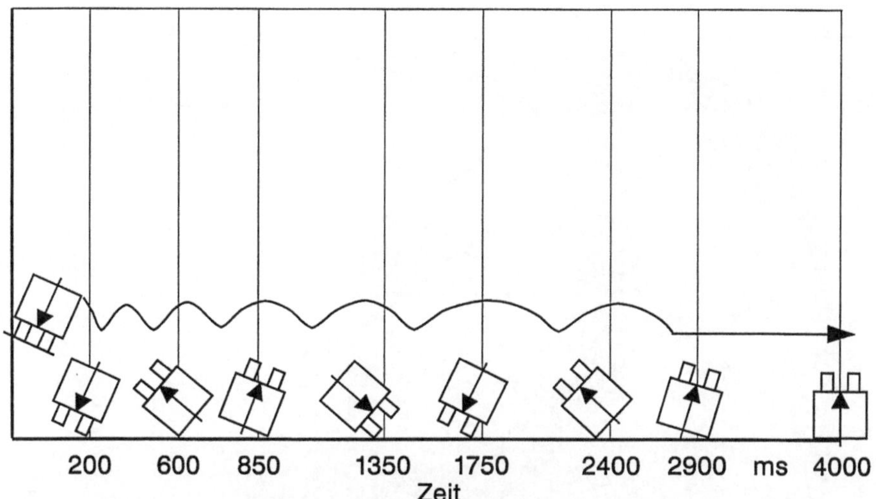

Bild 57. Bewegungsablauf eines Fahrzeuges im Überschlagtest.

Die aufgeführten Prüfverfahren führen zu einer Reihe von technischen Frage-
stellungen, die besonders hohe Anforderungen an die Auslegung der Karosserie
und an Detaillösungen stellen.

8.4 Karosserie

Die konstruktionsbedingt eingeschränkten Verformungsmöglichkeiten im De-
formationsbereich moderner Kompaktfahrzeuge erfordern Deformationsele-
mente mit möglichst hohem volumenspezifischen Energieaufnahmevermögen.
Der Kraft-Zeit-Verlauf sollte dabei möglichst konstant sein.

Bisherige Entwicklungen haben das Faltenbeulprinzip verfolgt und serientaug-
lich gemacht. Neuere Arbeiten beschäftigen sich mit der noch effektiveren
Stülpverformung von Trägern. Hierbei wird ein Träger sozusagen über sich
selbst hinweggezogen oder -gedrückt. Bei diesem kontinuierlich ablaufenden
Verformungsvorgang werden sehr große, gleichmäßig verteilte Materialverfor-
mungen erzielt. Der resultierende nahezu konstante Kraftverlauf ermöglicht gegenüber dem Faltenbeulen eine etwa dreifach größere massenspezifische Energieaufnahme.

Bild 58 zeigt am Beispiel des VW Golf der dritten Generation die Ausführung
einer modernen Karosserie. Über Längsträger, die im vorderen Bereich durch
einen stabilen Querträger verbunden sind, werden die Kräfte in den Fahrzeug-
boden eingeleitet und dort an den Fahrzeugtunnel und die seitlichen Schweller

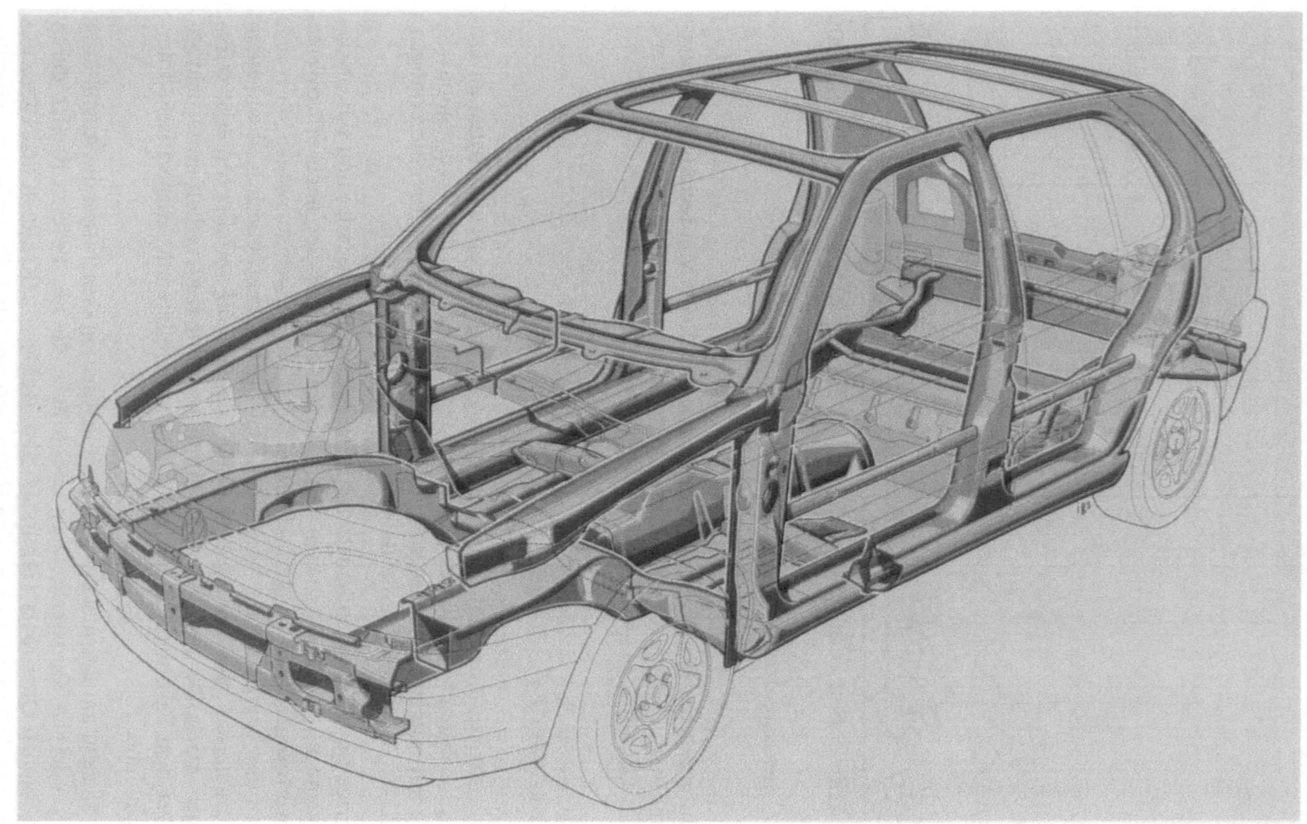

Bild 58. Sicherheitselemente und -strukturen einer modernen Pkw-Karosserie (VW Golf).

verteilt. Im oberen Bereich werden die Kräfte über den Kotflügelverbund an die A-Säule weitergegeben und dort über die Türen mit den eingebauten Biegeträgern nach hinten geleitet. Eine besonders stark beanspruchte Stelle ist der Bereich des Achsdurchtrittes. Die dort auftretenden Momente müssen durch Verstärkungen oder, wie beim VW Golf, durch ein neues Verfahren bei der Längsträgerherstellung so ausgeführt werden, daß das auftretende Moment absorbiert wird. Die Blechplatinen für die Längsträger werden in unterschiedlicher Dicke hergestellt — im vorderen Bereich sind dies 1,5 mm, im hinteren Bereich 2,5 mm — und durch eine Quetschnahtschweißung miteinander verbunden.

Um die Windschutzscheibe beim Unfall im Rahmen zu halten, hat sich die Methode des Einklebens durchgesetzt.

Für die Karosserieauslegung werden im quasistatischen und im dynamischen Fall Berechnungsverfahren eingesetzt. Mit der Finite-Element-Methode (FEM) können dabei ganze Karosserien mit und ohne Aggregate simuliert werden. Bild 59 (s. Farbbildteil) zeigt eine derartige FEM-Struktur mit einem besonderen Detail, dem vorderen Längsträgerbereich. So können die größten auftretenden Verformungen ermittelt werden. Für den Konstrukteur ist die Unterstützung durch mathematische Verfahren besonders hilfreich, wenn er Alternativen untersucht oder wenn sich Anforderungen verändern. Die für die Fahrzeugstruktur notwendigen Verstärkungen führen häufig zu einem Konflikt mit der Fahrzeugakustik, weil die Entkopplung zum Insassenraum schwierig ist. Mittels besonderer geometrischer Auslegung kann dies jedoch gelöst werden.

Zur Erfüllung des nicht gesetzlich geforderten Kriteriums, daß auch nach bei schweren Unfällen die Türen ohne allzu große Mühe geöffnet werden können, ist die Türschloßkonstruktion von Bedeutung. Sie muß garantieren, daß auch bei begrenzten Relativbewegungen in Fahrzeuglängsrichtung die Konstruktion intakt bleibt und der Öffnungsmechanismus nicht außer Kraft gesetzt wird.

Für den Fall eines Seitenaufpralles ist neben einer soliden Konstruktion der A- und B-Säulen und der Seitenverstärkungen die Querabstützung zwischen den Säulen stabil zu gestalten. Hierzu muß über die Sitzquerträger und andere Querverstärkungen, z. B. unter dem Armaturenbrett oder im Hinterwagenbereich, die notwendige Festigkeit erreicht werden.

9 Insassenschutz

9.1 Fahrzeuginnenraum

Neben den klassischen Rückhaltesystemen (Sicherheitsgurte) unterliegt der gesamte Fahrzeuginnenraum speziellen Anforderungen. Es darf z. B. in möglichen Kopfaufschlagbereichen (Prüfung mit einer Kugel von 165 mm Durchmesser) ein Bauteilradius von 2,5 bis 3,2 mm (je nach Lage) nicht unterschritten werden. Dem Armaturenbrett kommt in diesem Zusammenhang für den Insassen, der die Sicherheitsgurte nicht benutzt und keinen Beifahrer-Airbag hat, noch eine große Bedeutung zu. Bild 60 zeigt die Aufschlagpunkte des Kopfpendels und einen Schnitt durch die Armaturenbrettkonstruktion.

Natürlich haben auch alle übrigen Fahrzeuginnenteile direkt oder indirekt etwas mit der Fahrzeugsicherheit zu tun. Speziell für den Seitenschutz ist die Gestaltung der Türinnenseite von Bedeutung, da sie dazu beitragen kann, die Belastungen des Insassen abzubauen.

9.2 Rückhaltesysteme

Bei den Rückhaltesystemen muß man unterscheiden zwischen Einrichtungen, die aktiv betätigt werden müssen, damit ihre Schutzwirkung erreicht wird – Sicherheitsgurte oder Kinderrückhaltesysteme sind hierfür ein gutes Beispiel –, und Einrichtungen, deren Schutzwirkung ohne Zutun der Insassen automatisch beim Unfall aktiviert wird, z. B. Gurtwegbegrenzung, Gurtstrammer, Procon-Ten, Airbag.

Moderne Gurtsysteme sind äußerst leistungsfähig und garantieren den Insassen einen hervorragenden Schutz im Kollisionsfall.

Ein entscheidendes Kriterium für die Güte und Wirksamkeit eines Gurtrückhaltesystems ist die optimierte Abstimmung der Einzelkomponenten aufeinander, d. h., nur das perfekte Zusammenspiel von Fahrzeugstruktur, Lenkradbewegung, Sitzverhalten, Innenraumgestaltung und Gurtbandcharakteristik garantiert einen optimalen Insassenschutz.

9.2.1 Sicherheitsgurte

Weltweit hat sich der Dreipunktgurt mit Aufrollautomatik durchgesetzt. Einzige Ausnahme sind die USA, wo es auch passive Gurte in den Fahrzeugen gibt.

70

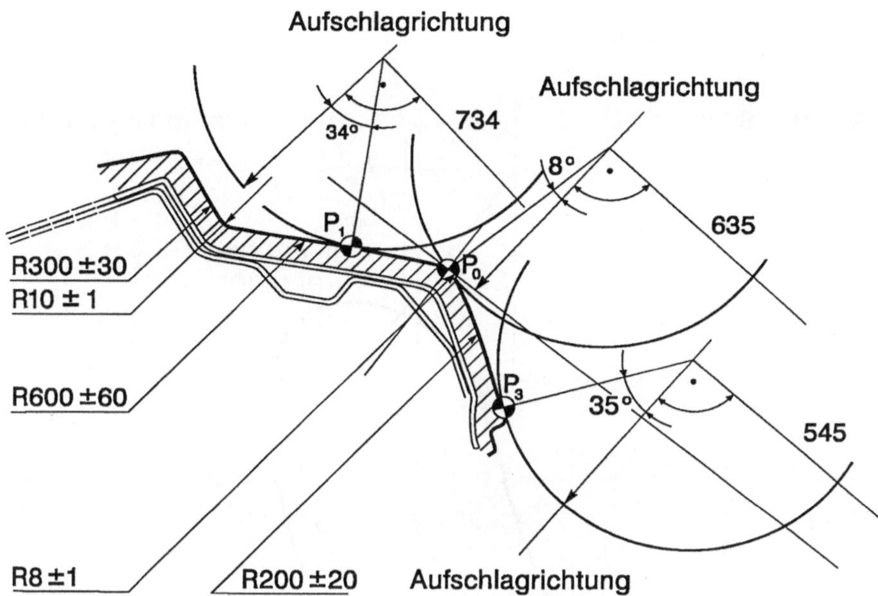

Bild 60. Schnitt durch das Armaturenbrett mit Aufschlagpunkten des Kopfpendels.

Der Dreipunktgurt ist inzwischen im Regelfall bei allen außenliegenden Sitzen eingebaut. Das Schloß ist bei verstellbaren Sitzen direkt am Sitz befestigt, die außenliegende Seite des Gurtes an der B- oder C-Säule. Ausnahme sind BMW-Fahrzeuge, bei denen für die Rücksitze die oberen Verankerungspunkte innen angebracht sind.

Das zulässige Feld der Gurtverankerungspunkte ist durch gesetzliche Regelungen exakt vorgeschrieben (Bild 61). Der außen obenliegende Punkt ist bei vielen Fahrzeugen höhenverstellbar. Bild 62 (s. Farbbildteil) zeigt eine Ausführung dieser Höhenverstellung. Das Komfortempfinden des Menschen für die Lage des Gurtes und dessen Sicherheitswirkung gehen konform.

Für das Sperren der Gurte beim Unfall sorgen zwei voneinander unabhängige mechanische Systeme. Ein System nutzt die Fahrzeugbeschleunigung oder -verzögerung (Pendelprinzip). Bei einem Impuls von mehr als $0{,}4\,g$ wird die Sperrung ausgelöst. Eine zweite Sperre reagiert auf die Gurtauszugsbeschleunigung, wobei oberhalb eines festgelegten Wertes gesperrt wird, d. h. bei Auszugsbeschleunigungen von mehr als $1\,g$ tritt die Sperrung innerhalb von 50 mm Auszugslänge ein.

Für das optimale Zusammenwirken von Sicherheitsgurten und der Fahrzeugstruktur gibt es eine Reihe von Subsystemen:

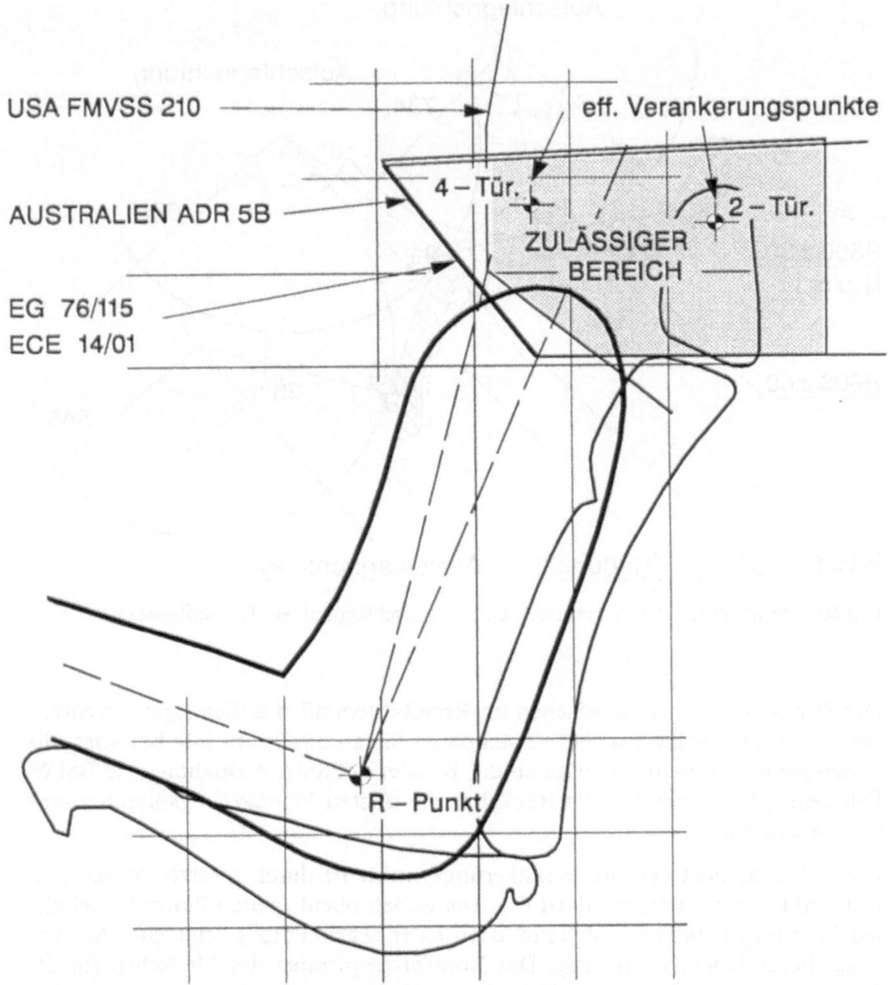

Bild 61. Gesetzlich vorgeschriebene Bereiche für die geometrische Lage des oberen Gurtverankerungspunktes.

- Gurtklemmer (Gurtwegbegrenzer),
- Gurtstrammer (mechanisch über Feder),
- Gurtstrammer (pyrotechnisch),
- Gurtstrammung über Relativbewegung des Antriebsaggregates zur Karosserie (Tension = Ten in Procon-Ten).

Im einzelnen wirken die Systeme wie folgt:

Der *Gurtklemmer* bewirkt, daß der Gurt oberhalb des Aufrollautomaten geklemmt wird, nachdem die Blockierung des Automaten stattgefunden hat. Dadurch wird verhindert, daß die Restlänge des Sicherheitsgurtes auf dem Gurtbandaufroller zusammengezogen wird und somit nochmals eine Gurtlose, je nach Sitzposition bis zu 10 cm, freigegeben wird. Bild 63 (s. Farbbildteil) zeigt die Funktion im VW Golf.

Beim *mechanischen Gurtstrammer* wird nach dem Überschreiten eines Verzögerungs-Schwellwertes eine Feder freigegeben, die den Gurt innerhalb von rd. 10 ms mit 2000 N vorspannt (BMW). Der mechanische Gurtstrammer wird häufig als Schloßverlängerung angeordnet. Bild 64 (s. Farbbildteil) zeigt die Lösung von BMW.

Beim *pyrotechnischen Gurtstrammer* wird, in Abhängigkeit von der Unfallschwere, sensorgesteuert ebenfalls nach Überschreiten einer Verzögerungsschwelle das Gurtband gestrafft. Bild 65 (s. Farbbildteil) zeigt die Anordnung eines derartigen pyrotechnischen Gurtstrammers im VW Passat. Innerhalb von 20 ms wird der Gurt bei einem 50-km/h-Frontalaufprall gegen eine feste Wand mit 1000 N vorgespannt. Nach dem Auslöseimpuls wird das am Kolben befestigte Seil so zurückgezogen, daß die Gurtwickelspule entgegengesetzt zur Auszugsrichtung zurückgedreht wird.

Bei den Modellen von Audi wird die Gurtstrammung durch die Rückwärtsbewegung von Motor und Getriebe relativ zur Karosserie vorgenommen. Das Strammen der vorderen Sicherheitsgurte erfolgt durch das Zurückdrehen der Gurtwickelspule mittels Seilantriebes (Bild 66, s. Farbbildteil). Zwei Nirostaseile sind als Bowdenzüge durch die Stirnwand am Schweller entlang zu den Gurtautomaten verlegt. An der Gurtrolle stützt sich der Bowdenzug ab, das freie Seilende umschlingt eine auf der Wickelachse angeordnete Seilrolle. Im Wirkfalle wird die Seilrolle kraftschlüssig mit der Gurtwickelachse verbunden. Das ablaufende Seil dreht dabei den Gurtwickel und strammt dadurch den Gurt vor. Die Funktion des Gurtautomaten bleibt im Hinblick auf Tragekomfort und Aufspulverhalten uneingeschränkt erhalten. Die maximale Strammwirkung wird durch einen definierten Strammweg und eine Strammkraft begrenzt. Dadurch entstehen nie höhere Belastungen als durch die Gurtrückhaltewirkung.

Welche Art der Zusatzeinrichtung verwendet wird, ist abhängig vom Zusammenwirken aller für den Unfallablauf wichtigen Komponenten: Fahrzeugdeformationscharakteristik, Sitz, Rückhaltesysteme und geometrische Anordnung.

Für die Bereitschaft zum Anlegen des Gurtes ist der Komfort ebenfalls eine wichtige Größe. Die Anordnung des Gurtschlosses am Sitz und die Gurthöhenverstellung haben hierzu bereits sehr positive Beiträge geleistet. Eine weitere Maßnahme zur Minimierung der Gurtlose beim Dreipunktgurt ist die Optimierung der Rückzugskraft durch den Gurtautomaten, um ein einwandfreies Aufrollen zu garantieren, ohne daß im angelegten Bereich die Kraft übermäßig

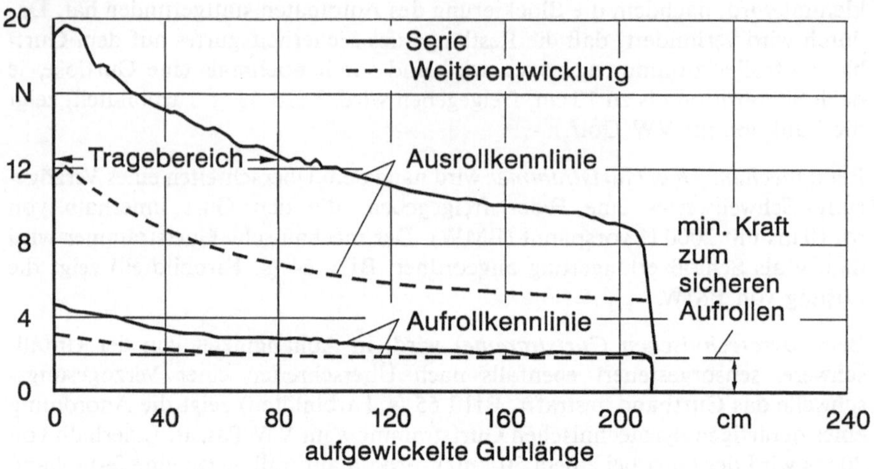

Bild 67. Gurtkraft-Weg-Kennlinien für das Aus- und Aufrollen moderner Dreipunkt-Automatikgurte.

hoch ist. Bild 67 zeigt die Kraftkennlinien moderner Automatik-Dreipunktgurte für das Aus- und Aufrollen.

Für die Fahrzeuge, die in den USA verkauft werden, fordert der Gesetzgeber passive Rückhaltesysteme. Sie bestehen entweder aus passiven Dreipunkt- oder Zweipunktkörpergurten oder aus Airbags. Die Knieabstützung erfolgt beim Körpergurt oder beim Airbag in den Fällen, in denen der zusätzliche Beckengurt oder der Dreipunktgurt nicht angelegt ist, über ein Kniepolster. Bei dem im VW-Golf in den USA angebotenen RA (Rückhalteautomat) findet über eine spezielle Gurtschloßkonstruktion eine Verkrallung in der B-Säule statt. Das Notschloß ermöglicht auch das Öffnen von außen durch beim Unfall helfende Personen. Falls der Fahrzeuginsasse das Schloß mutwillig öffnet, kann der Motor nicht angelassen werden.

Zur weiteren Komforterhöhung gibt es auch elektrische Betätigungen des oberen Gurtpunktes, der im Dachrahmen geführt wird und beim Türöffnen in die vordere Position geht, Bild 68 (s. Farbbildteil). Bei nicht angelegtem Beckengurt verhindert das Kniepolster den Submarining-Effekt, d. h. das zu tiefe Eintauchen in den Sitz und das dadurch bedingte Hinwegtauchen unter dem Beckengurt. Hierbei kommt der Verformungscharakteristik des Sitzes, z. B. eine möglichst steife Sitzschale, eine besondere Bedeutung zu. Bei der Benutzung des Beckengurtes verläuft die Insassenbewegung ähnlich wie bei der Verwendung eines Dreipunktgurtes. Dabei können sich höhere HIC-Werte durch die größere Kopfrotation ergeben.

9.2.2 Kinderrückhaltesysteme

Es gibt kein Kinderrückhaltesystem, das allen Alters- und Entwicklungsstufen gerecht werden kann. Bei der Auslegung von Kinderrückhaltesystemen muß insbesondere die im Vergleich zu Erwachsenen unterschiedliche Masseverteilung heranwachsender Menschen berücksichtigt werden.

Einige Hersteller bieten Kindersitze an, die nicht nur in bezug auf ihre Befestigung im Fahrzeug optimal ausgelegt sind. Durch umfangreiche dynamische Tests wurde die Schutzwirkung der empfohlenen Rückhaltesysteme überprüft und optimiert.

Bild 69 zeigt das Kindersitzprogramm von Volkswagen.

Für den Einbau gibt es zwei grundsätzlich unterschiedliche Möglichkeiten: rückwärtsgerichtete Kindersitzsysteme, auch Reboard-Systeme genannt, und in Fahrtrichtung eingesetzte Systeme. Beim Reboard-System sitzt das Kind entge-

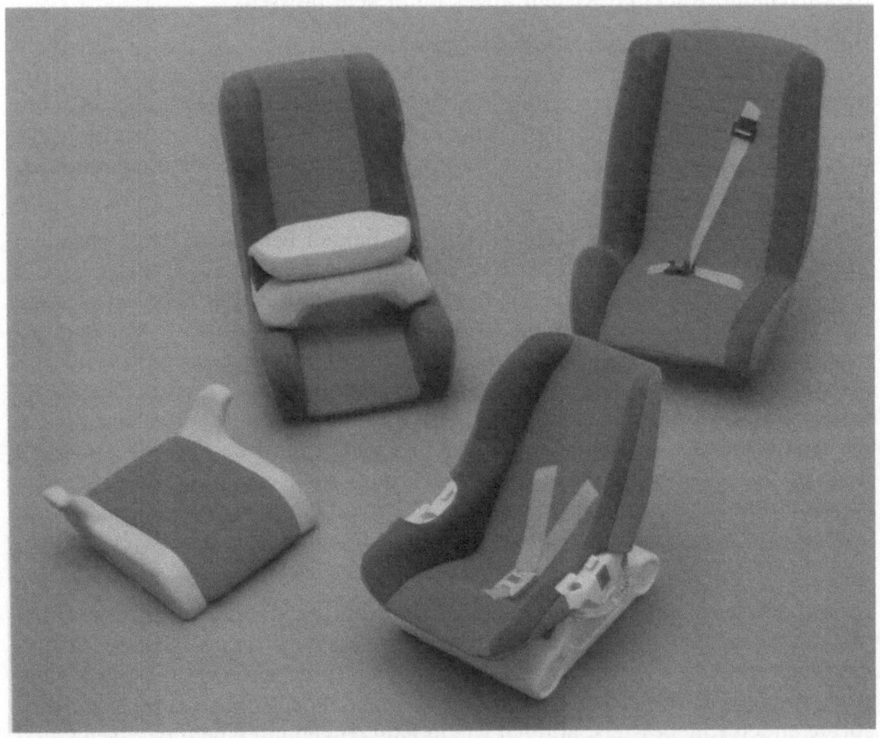

Bild 69. Kindersitzprogramm Bobsy (Volkswagen).

gen der Fahrtrichtung. Diese Anordnung ist für Babies und Kleinkinder besonders empfehlenswert, da diese Position die Gefahr schwerer Halswirbelverletzungen minimiert. Gerade in dieser Altersklasse ist der Kopf, bezogen auf die entwickelte Halsmuskulatur, zu schwer. Ältere Kinder mit entsprechend entwickelter Halsmuskulatur können ohne Bedenken Kindersitze benutzen, die in Fahrtrichtung angebracht sind.

9.2.3 Airbag-Systeme

Auch beim Airbag gibt es grundsätzlich unterschiedliche Systeme, was auf die amerikanische Gesetzgebung zurückzuführen ist.

Durch die in den USA erhobene, nicht ganz glückliche Forderung nach „passive restraints" ergibt sich bei den Airbag-Kunden eine sinkende Bereitschaft, die Gurte anzulegen. Das ist aber geradezu eine Pervertierung des Sicherheitsgedankens. Das Airbag-System sollte und darf nur eine Ergänzung zum Gurt sein. Die unterschiedliche Insassenkinematik, angegurtet oder nicht angegurtet, erfordert unterschiedliche Airbag-Systeme, die jeweils optimal auf das gleichzeitig eingebaute Rückhaltesystem abgestimmt sein müssen.

Bei *Systemen mit Dreipunktgurt* bewegt sich der Insasse zunächst relativ zum Fahrzeug nach vorn, bis der Gurt sperrt. Danach setzt sich die Relativbewegung nach vorn fort. Überlagert wird durch den Beckengurt eine Bewegung nach unten. In der Schlußphase des Aufpralles entsteht eine stärkere Kopfrotation, die durch die zusätzlichen Fahrer- und Beifahrer-Airbag-Systeme deutlich reduziert werden kann.

Derartige Airbag-Systeme bestehen aus kompakten Einheiten. Ein Sensor bewertet den Verzögerung-Zeit-Verlauf, also die Unfallschwere. Hat der Sensor ausgelöst, wird ein Zünder in einem pyrotechnischen Behälter aktiviert, der seinerseits die Verbrennung des pyrotechnischen Materials auslöst. Mit dem erzeugten Gas wird der Bag gefüllt. Bild 70 (s. Farbbildteil) zeigt die Hauptkomponenten eines derartigen Airbag-Systems, das als kombiniertes Rückhaltesystem für ein Zusammenwirken von Airbag und Dreipunktgurt ausgelegt ist. Die Sensorauslösezeit bei einem 50-km/h-Wandaufprall beträgt rd. 30 ms, die Zeit für das anschließende Aufblasen des Bags rd. 25 ms. Der zunächst herrschende Bag-Innendruck beträgt etwa 1,8 bis 2,2 bar. Der prinzipielle Ablauf nach der Sensorauslösung ist für Fahrer- und Beifahrerseite in Bild 71 (s. Farbbildteil) dargestellt.

In den Ländern mit geringer Sicherheitsgurtanlegequote, z. B. in den USA, müssen die zulässigen Insassenbelastungswerte auch *mit Systemen ohne Sicherheitsgurte* erreicht werden. Das erfordert eine entsprechende Gestaltung des Bereiches unterhalb des Armaturenbrettes, z. B. durch den Einbau eines energieabsorbierenden Kniepolsters, ähnlich wie in Fahrzeugen mit einem passiven Gurtsystem. Das Sensorsystem muß bei dieser Auslegung (Airbag als einziges Rück-

haltesystem) wesentlich präziser arbeiten und auch bei schräger Stoßrichtung
($-30°$ bis $+30°$ zur Fahrzeuglängsrichtung) noch sicher auslösen.

Bild 72 (s. Farbbildteil) zeigt die Hauptkomponenten eines Systems, das so
ausgelegt ist, daß es allein die gesamte Rückhaltefunktion des Insassen über-
nehmen kann. Das Fahrerbagvolumen beträgt bei solchen Systemen rd. 80 l, das
Beifahrerbagvolumen rd. 150 l. Die Abstimmung des Bags darf nicht nur für
den 50-%-Mann vorgenommen werden. Sie muß auch kleine Personen (im Ex-
tremfall vor dem Armaturenbrett stehende Kinder) und sehr große und schwere
Insassen berücksichtigen. Öffnungen im Bag sorgen für ein gesteuertes Kraft-
Weg-Verhalten. Airbag-Systeme werden zur Zeit auch für andere Sitzpositionen
und Unfallarten, z. B. für Fondpassagiere und für den Seitenschutz, untersucht.
Dabei stellt sich beim Seitenaufprall das Erkennen eines schweren Unfalles als
besonders schwierig heraus. Die Zeit für das Erkennen des Unfalles und für das
Aufblasen des Airbags muß sehr kurz sein, da der Insasse bei einem
50-km/h-Seitenaufprall nach rd. 25 ms bereits Kontakt mit der Türinnenseite
haben kann.

10 Zusammenwirken von Rückhaltesystem und Fahrzeug

10.1 Unangeschnallter Insasse

Beim frontalen Aufprall eines Fahrzeuges gegen eine feste Barriere oder ein anderes Fahrzeug bewegt sich der Insasse auf Grund seiner Trägheit relativ zum Fahrzeug weiter in Richtung Armaturenbrett und/oder Lenkrad. In erster Näherung gelten folgende Zusammenhänge:

Fahrzeug	*Insasse bis Aufschlag*	

$$\ddot{s}_{\mathrm{FZ}} = -a \qquad\qquad\qquad \ddot{s}_{\mathrm{I}} = 0 \tag{21}$$

$$\dot{s}_{\mathrm{FZ}} = -a \cdot t + v_{\mathrm{i}} \qquad\qquad \dot{s}_{\mathrm{I}} = v_{\mathrm{i}} \tag{22}$$

$$s_{\mathrm{FZ}} = -\frac{a \cdot t^2}{2} + v_{\mathrm{i}} \cdot t + s_0 \qquad\qquad s_{\mathrm{I}} = v_{\mathrm{i}} \cdot t + s_0 \; . \tag{23}$$

Der Relativweg zwischen Insasse und Fahrzeug ist

$$\Delta s = s_{\mathrm{I}} - s_{\mathrm{FZ}} = \frac{a \cdot t^2}{2} \; . \tag{24}$$

Bei einem 50-km/h-Aufprall, einer mittleren Fahrzeugverzögerung von 15 g und einem Abstand Insasse – Lenkrad von 0,30 m schlägt der Insasse nach rd. 64 ms auf. Die Differenzgeschwindigkeit beträgt dann noch rd. 33,4 km/h. Ohne Rückhaltesystem muß die kinetische Energie des Insassen von Lenkrad, Armaturenbrett und Windschutzscheibe aufgenommen werden. Setzt man für diese Verzögerung einen möglichen Weg von rd. 0,1 m an, ergibt sich eine mittlere Insassenverzögerung von 44 g über einen Zeitraum von rd. 21,5 ms. Bild 73 zeigt diesen theoretischen Verlauf.

10.2 Dreipunktgurt

Beim Dreipunktgurt ohne Gurtklemmer oder Gurtstraffer wird der Insasse nach dem Blockieren des Automaten zunächst so weit nach vorn bewegt, bis das Gurtband auf der Automatikrolle zusammengezogen ist. Durch den Beckengurtteil und den Oberkörpergurt wird der Körper des Insassen relativ zum Fahrzeug zurückgehalten. Der Beckengurt erzeugt mit wachsender Kraftbeanspru-

78

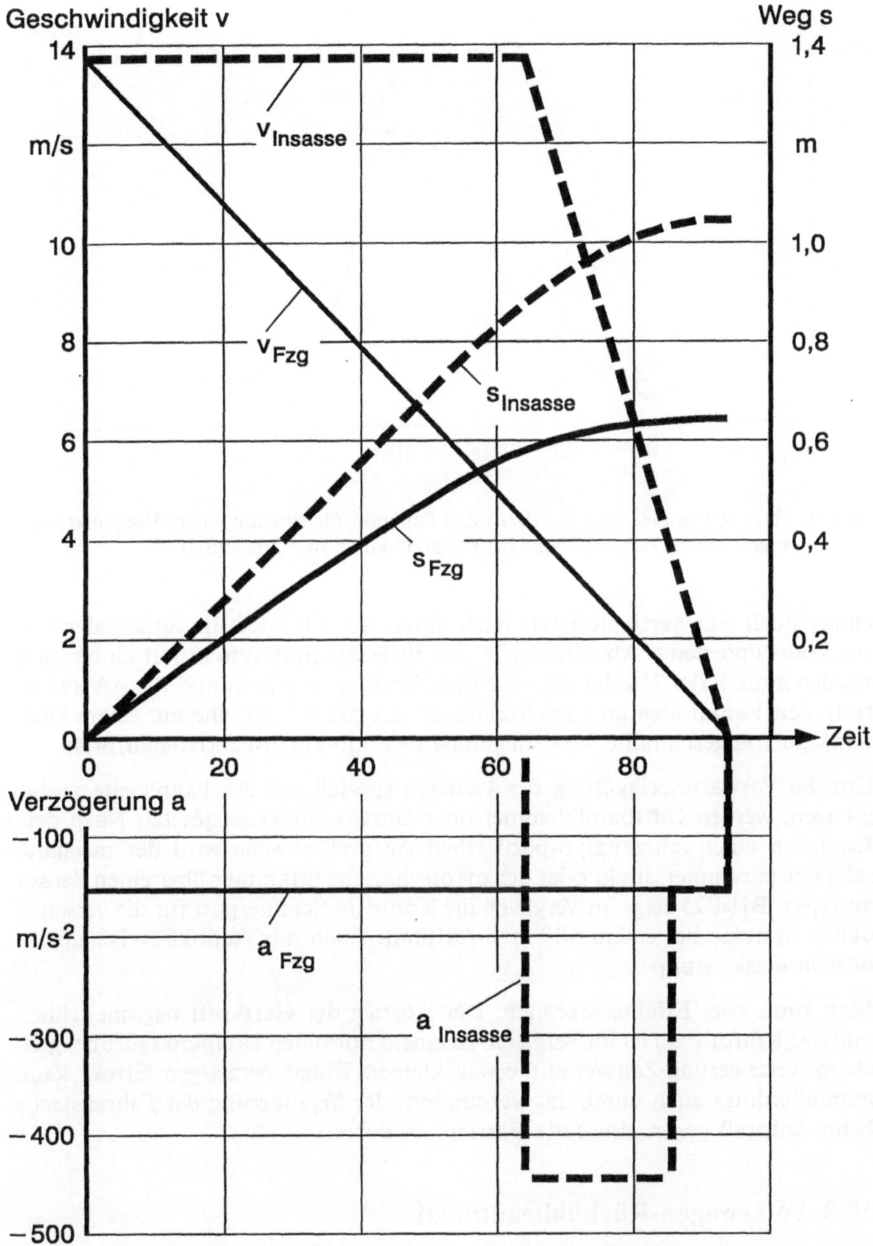

Bild 73. Verzögerung-Zeit-, Geschwindigkeit-Zeit- und Weg-Zeit-Verläufe für Fahrzeug und Insasse bei einem 50-km/h-Aufprall auf ein festes Hindernis.

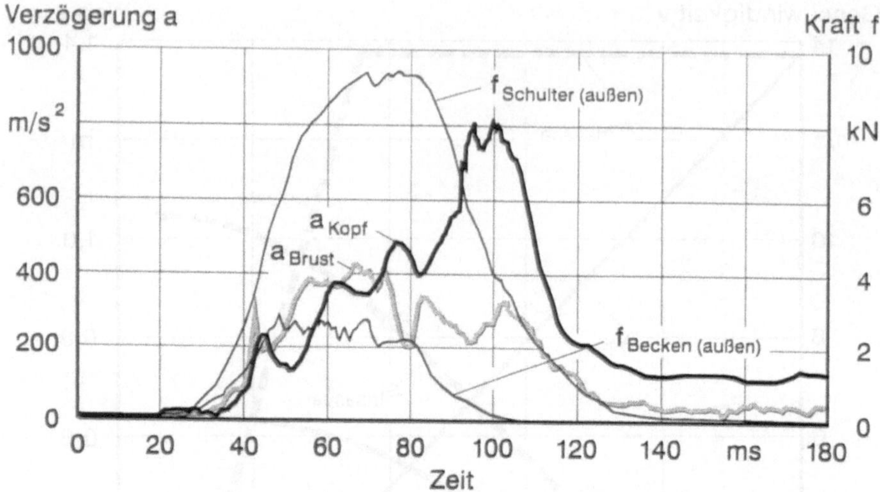

Bild 74. Verzögerung-Zeit- und Gurtkraft-Zeit-Funktion für eine mit einem Dreipunktgurt angeschnallte Versuchspuppe bei einem 50-km/h-Barriereaufprall.

chung auch eine vertikale Kraft nach unten, so daß auch die Sitzschalenkonstruktion und deren Abstützung in das Insassenschutzsystem mit einbezogen werden muß. Bild 74 zeigt typische Kopf-Verzögerung-Zeit- und Brust-Verzögerung-Zeit-Funktionen und den Verlauf der Gurtkräfte für eine mit einem Dreipunktgurt angeschnallte Versuchspuppe beim 50-km/h-Barrierenaufprall.

Um die Vorwärtsverlagerung des Insassen speziell auf der Fahrerseite zu begrenzen, werden Gurtbandklemmer oder Gurtstrammer eingesetzt. Nach dem Erreichen einer fahrzeugtypspezifischen Aufprallschwelle wird der mechanische Gurtstrammer direkt oder der pyrotechnische Strammer über einen Sensor aktiviert. Bild 75 zeigt im Vergleich die Kräfte im Schultergurt für die verschiedenen Systeme bei einem 50-km/h-Aufprall. Auch das Audi-TEN-System gehört in diese Gruppe.

Man kann zwei Effekte erkennen: Der Anstieg der Gurtkraft beginnt früher, und das Kraftniveau ist im Vergleich zu einem normalen Dreipunktgurt bei gleichem Verzögerung-Zeit-Verlauf etwas kleiner. Einen derartigen Effekt kann man allerdings auch durch das Vermindern der Verzögerung der Fahrgastzelle beim Aufprall gegen eine feste Barriere erreichen.

10.3 Volkswagen-Rückhalteautomat

Der Rückhalteautomat, in den USA als passives Gurtsystem eingestuft, war das erste derartige System auf dem Markt. Passive Gurtsysteme sind entweder Drei-

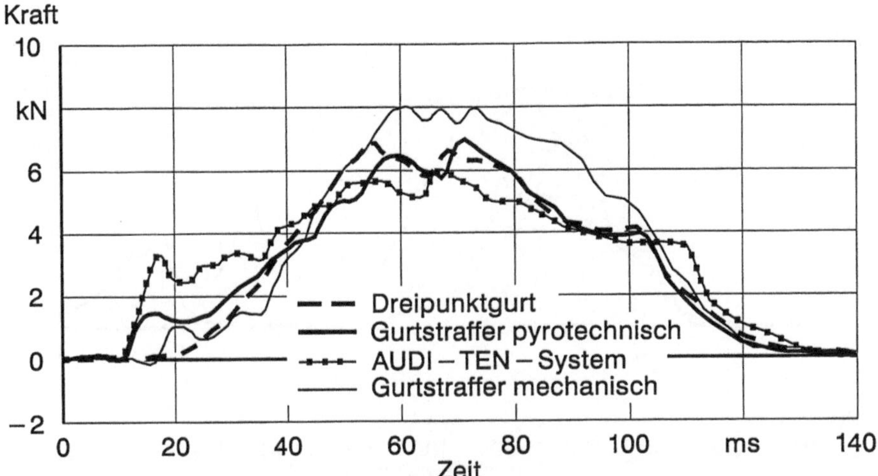

Bild 75. Vergleich von gemessenen Schultergurtkräften für verschiedene Rückhaltesysteme bei einem 50-km/h-Wandaufprall.

punktgurte oder Diagonal-Körpergurte, bei denen man heute in der Regel zusätzlich einen Beckengurt anlegen kann. Beim passiven Gurtsystem geschieht das Anlegen entweder durch das Schließen der Tür oder über eine elektrische Positionierung des oberen Verankerungspunktes, der beim Türöffnen nach vorn gefahren wird (komfortableres Ein- und Aussteigen). Bei den elektrisch betätigten Einrichtungen endet die Führungsschiene in der B-Säule, so daß bei einem Unfall die Kräfte leicht aufgenommen werden können.

Bei den an der Tür befestigten Gurten bedient man sich eines Tricks. Die Kräfte werden über Bolzen in eine Verankerungsplatte in der B-Säule übertragen, die für die Aufnahme von Kräften eines Dreipunktgurtes richtig dimensioniert ist. Wichtig ist außerdem, daß das andere Ende des Sicherheitgurtes am Sitz befestigt ist. Dadurch ist die Gurtlage für die verschiedenen Sitzpositionen optimal, und auch bei seitlichen Kollisionen ist noch ein guter Schutz vorhanden. Bei diesem System ist die Sitzschale und deren Abstützung für die Insassenkinematik ebenfalls von großer Bedeutung. Eine gute Sitzkonstruktion und das vor den Knien befindliche Kniepolster verhindern das „Submarining" unter den Gurt. Bei diesem Rückhaltesystem unterscheidet sich die Insassenbewegung beim Aufprall gegen eine feste Barriere grundsätzlich von der bei Verwendung eines Dreipunktgurtes, falls der Beckengurt nicht angelegt wurde. Die Insassen bewegen sich ausgeprägter horizontal, da die vertikale Kraftkomponente des Beckengurtes wegfällt. Dadurch ist auch die Kopfrotation deutlich geringer. Im Bild 76 sind die resultierenden Verzögerungsverläufe von Kopf und Brust und

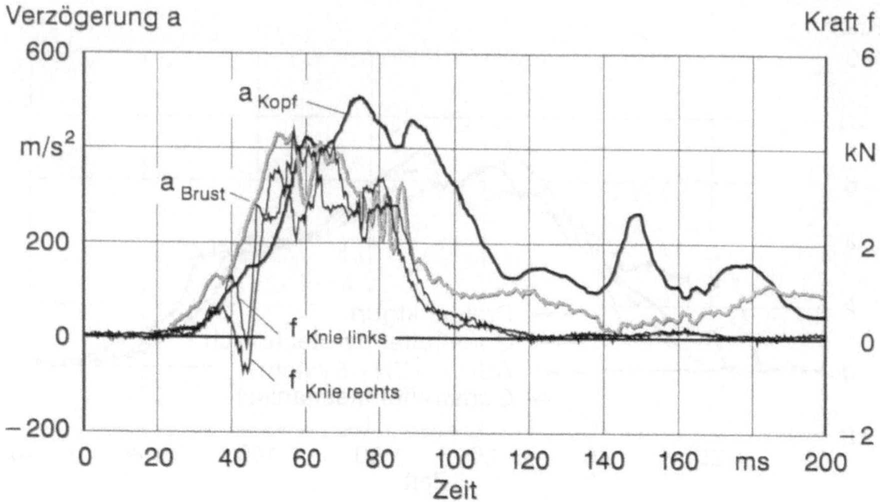

Bild 76. Kopfverzögerungen, Brustverzögerungen und Kniekräfte als Funktion der Zeit bei einem 50-km/h-Wandaufprall (System mit Volkswagen-RA).

die Kniekräfte als Funktion der Zeit bei der Simulation eines 56-km/h-Wandaufpralles dargestellt.

10.4 Airbag-Systeme

Die beiden unterschiedlichen Auslegungen „Airbag plus Dreipunktgurt" und „Airbag ohne Gurtsystem" führen auch zu unterschiedlicher Insassenbewegung. Zunächst zum System mit Dreipunktgurt. Der Insasse macht am Anfang eine ähnliche Bewegung wie bei konventionellen Rückhaltesystemen. Nach dem Aufblasen des Bags wird die Kopfrotation deutlich reduziert, und auch die Brustverzögerungswerte verbessern sich. Bild 77 zeigt für einen Schlittensimulationsversuch eines 50-km/h-Barriereaufpralles die resultierenden Kopf- und Brustverzögerungen der Versuchspuppen sowie die Kniekräfte. In speziellen Versuchen wurde auch die Flächenpressung gemessen, die beim Aufschlag auf ein energieabsorbierendes Lenkrad im Vergleich zu einem Airbag-Lenkrad entsteht. Beim Airbag-Lenkrad war die Flächenpressung deutlich geringer.

Beim Airbag-System, das im wesentlichen für den Fall des unangeschnallten Insassen ausgelegt ist, wird die Verzögerung des Insassen auf der Fahrerseite über den Airbag, die Lenksäule und das energieabsorbierende Kniepolster aufgebracht. Im Bild 78 (s. S. 84) werden die drei Systeme Dreipunktgurt, Dreipunktgurt mit Airbag und „Nur-Airbag" verglichen. Auf der Beifahrerseite

82

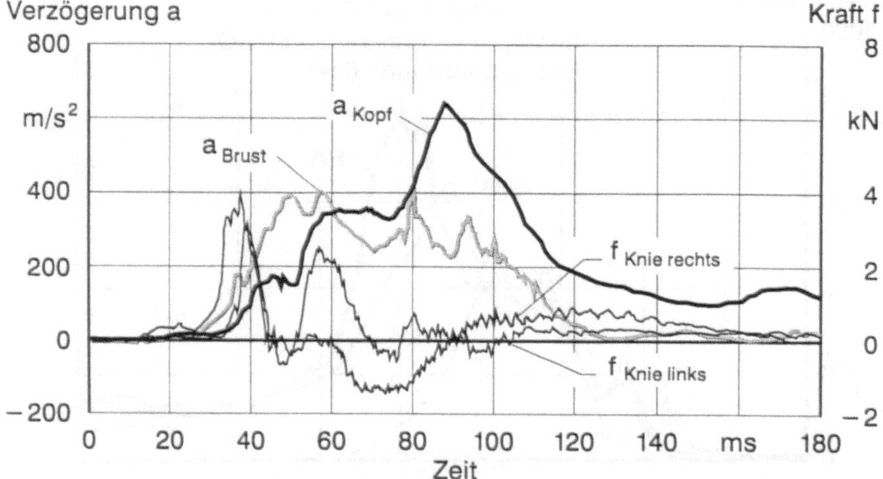

Bild 77. Kopf- und Brustverzögerungswerte sowie Kniekräfte (Schlittenversuch, 50-km/h, System mit Airbag und Dreipunktgurt).

muß die Energie durch den Airbag und das Kniepolster absorbiert werden. Besonders kritisch sind bei nicht angelegtem Gurt die „Out-of-position"-Probleme, z. B. das Nicht-mittig-zum Airbag-Sitzen. Schon deshalb ist es notwendig, daß der Dreipunktgurt angelegt wird.

10.5 Einflüsse auf die Leistungsfähigkeit der Rückhaltesysteme

Die Komplexität realer Unfallabläufe und der Unfallsimulationsversuche macht deutlich, daß zahlreiche Parameter berücksichtigt werden müssen: Deformationsverhalten der Fahrzeugstruktur, Innenraumintegrität, Lenkrad mit Lenksäule, Sitz, Rückhalteeinrichtungen, geometrische Anordnung der Sicherheitsgurtverankerungspunkte usw. Nicht die Optimierung von Einzelkomponenten, sondern die Wirkungsweise des Gesamtsystems ist ausschlaggebend für die unfallfolgenmindernde Fahrzeugsicherheit.

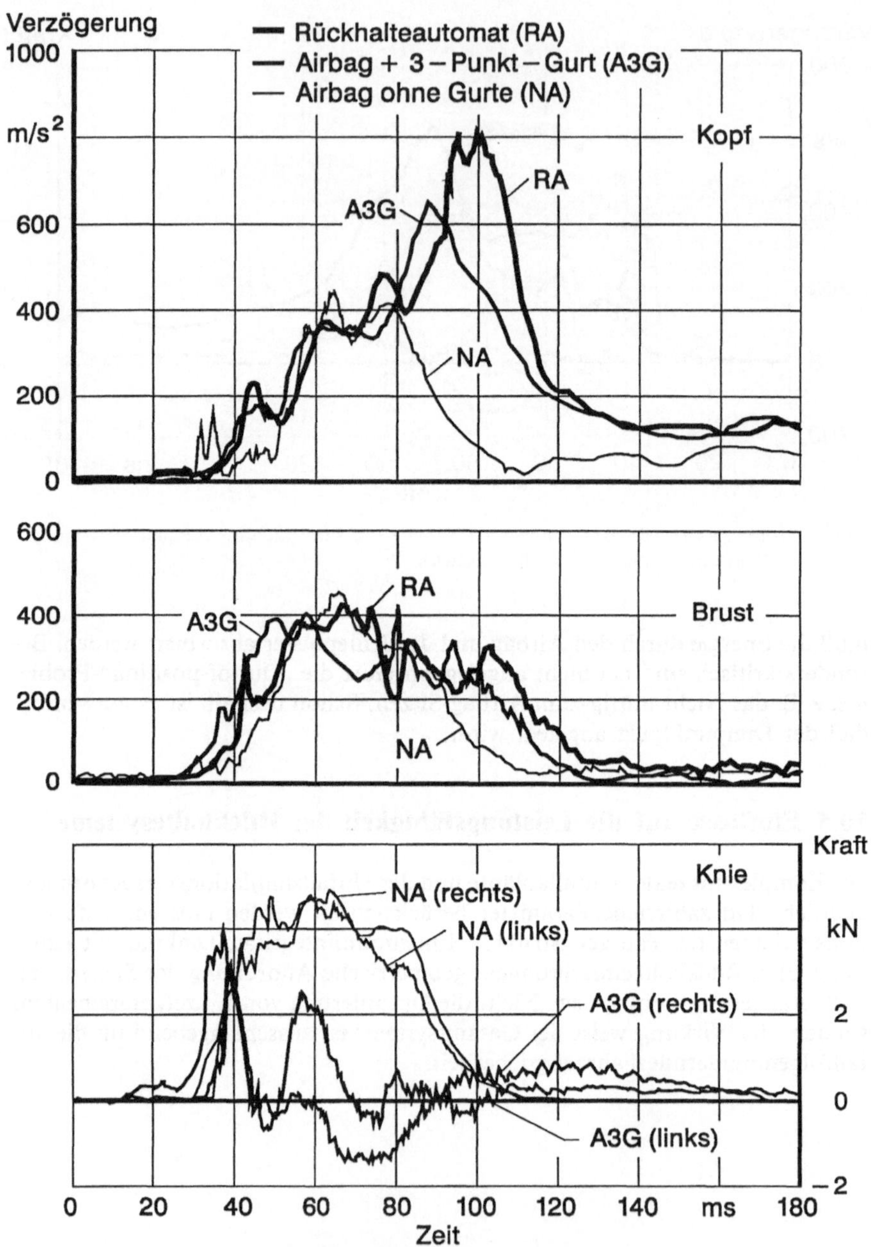

Bild 78. Vergleich der Kopf- und Brustverzögerungen beim 50-km/h-Wandaufprall (Rückhalte-systeme: Dreipunktgurt, Dreipunktgurt + Airbag, Airbag).

84

11 Seitenkollisionen

Die Möglichkeiten des Einsatzes besonderer Rückhaltesysteme zum Schutz der Insassen bei seitlichen Kollisionen sind wegen der örtlichen Nähe des Insassen zur Tür begrenzt. Die beeinflußbare Größe ist die Steifigkeit der Karosserie gegen das Eindringen des stoßendes Fahrzeuges, z. B. durch eine kollisionsgerechte Konstruktion des Schwellers oder durch Türbiegeträger und Türverstärkungen in Schulterhöhe. Auch innerhalb der Fahrgastzelle sind Querverstärkungen, z. B. unter dem Armaturenbrett, Sitzquerträger, Sitzkonstruktion und Querverstärkungen im hinteren Fahrzeugbereich für den Insassenschutz hilfreich.

Die zweite Größe ist die Gestaltung des Fahrzeuginnenraumes. Besondere Bedeutung haben die Form und das Material der Tür- und Seitenteilverkleidungen. Der zur Zeit diskutierte Einsatz eines Airbag-Systems an der Fahrzeugseite ist abhängig von einem funktionsfähigen Sensorsystem, das so frühzeitig das Eintreten eines schweren Unfalles erkennt, daß der Bag ausgelöst werden kann, bevor der Kopf des Insassen die Seitenscheibe berührt.

11.1 Theoretische Betrachtung

Im Gegensatz zum Frontalaufprall ist beim Seitenaufprall die Variationsbreite des möglichen Unfallvorganges noch größer (z. B. Stoßrichtung, Anstoßpunkt). Außerdem steht den Fahrzeuginsassen nur wenig Deformationsweg zur Verfügung. Der Seitenaufprall ist von einer größeren Anzahl von Faktoren bestimmt, auf die im folgenden näher eingegangen werden soll.

Wesentliche Faktoren sind:

- beteiligte Kollisionspartner (Masse, Struktursteifigkeit, Strukturgeometrie),
- Aufprallort und -winkel,
- Aufprallgeschwindigkeiten,
- Insassenplazierung,
- Fahrzeuginnenraumgestaltung,
- Benutzung von Rückhaltesystemen.

Im Bild 79 wird der Fahrzeug-Fahrzeug-Seitenaufprall prinzipiell erklärt. Dargestellt sind das stoßende sowie das gestoßene Fahrzeug mit einem Insassen an der Stoßseite, das abgeleitete mechanische Ersatzmodell und der vereinfachte

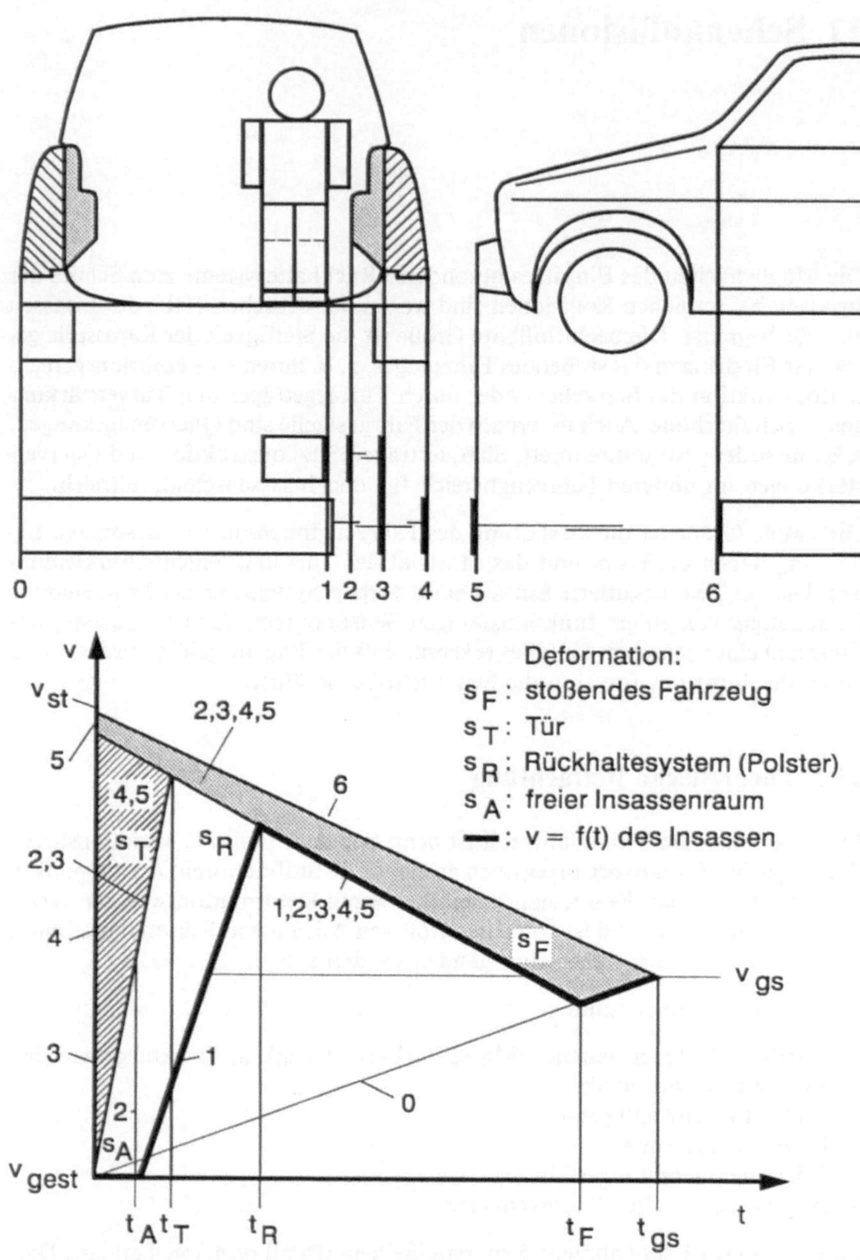

Bild 79. Schematische Geschwindigkeit-Zeit-Darstellung für Fahrzeugstruktur und Insassen bei einer rechtwinkligen Seitenkollision.

Bewegungsablauf des Stoßvorganges am Beispiel eines Geschwindigkeit-Zeit-Diagrammes.

Die Ziffern *1* bis *6* kennzeichnen die Geschwindigkeit-Zeit-Verläufe der fahrzeugbezogen indizierten Bauteile und des Insassen. Die von diesen „Geschwindigkeitsbahnen" eingegrenzten Flächen entsprechen den Relativwegen (Deformationswegen) zwischen den indizierten Bauteilen bzw. zwischen den Bauteilen und den Insassen.

Die Kraft-Weg-Kennungen der Strukturen und des seitlichen Rückhaltesystems (Polster) werden zwecks einfacher Darstellung als rechteckförmig angenommen. Schwingungen des mechanischen Ersatzsystems werden nicht berücksichtigt. Die daraus resultierenden Funktionen $a = f(t)$ und $s = f(t)$ weichen damit von denen eines realen Unfalles ab. Auf Grund dieser Randbedingungen und des Einmassen-Insassen-Systems ist nur ein qualitativer Vergleich des im folgenden diskutierten Kollisionsmodells mit den realen Gegebenheiten möglich.

Das stoßende Fahrzeug fährt mit der Geschwindigkeit v_{st} unter 90° in die Seite eines stehenden Fahrzeuges. Die Türaußenseite *4* hat nach kurzer Zeit die gleiche Geschwindigkeit wie der Stoßfänger *5*. Die Türinnenseite *3* hat zur Zeit t_T die gleiche Geschwindigkeit wie der Stoßfänger. Der Kontakt zwischen Insasse und Rückhaltesystem *2* beginnt zum Zeitpunkt t_A. Zur Zeit t_T ist die Relativgeschwindigkeit zwischen Insassen und Tür am größten. Sie ist größer als die Geschwindigkeitsänderung des gestoßenen Fahrzeuges. Der Insasse wird vom Polster verzögert. Der Deformationsweg ist s_R. Insasse *1* und Stoßfänger *5* haben zur Zeit t_R die gleiche Geschwindigkeit. Bis t_{gs} werden Insasse und Stoßfänger gleichzeitig verzögert. Die Deformation der Seitenstruktur ist bei t_F beendet (Sitze gehen z. B. auf Block, d. h., es steht kein weiterer Deformationsweg mehr zur Verfügung). Die Frontstruktur des stoßenden Fahrzeuges hat sich um s_F deformiert. Die Deformation der Seitenstruktur wird durch die Relativbewegung der Tür *3* zu einem unverformten Punkt des Fahrzeuges *6* bestimmt.

11.2 Auslegungsgrenzen der Seitenstruktur

Im Bild 80 wird gezeigt, daß sich bei extremen Auslegungen von Seitenstruktursteifigkeit und Türaufpolsterung deutlich Unterschiede hinsichtlich der Insassenbelastungskriterien einstellen.

Die Darstellung auf der linken Seite des Bildes beschreibt einen Auslegungsfall, bei dem von einer relativ geringen Steifigkeit der Seitenstruktur des gestoßenen Fahrzeuges sowie von geringer Aufpolsterungsdicke der Fahrzeuginnenstruktur ausgegangen wird. Dies schließt mit ein, daß zwischen Insassen und Aufpolsterungszone ein relativ großer Freiraum vorhanden ist. Für den Insassen sind hohe Belastungen zu erwarten, wenn der Abstand s_A zwischen Insasse und Polster zunimmt. Das Polster wird bei t_B durchdeformiert sein. Der Insasse wird

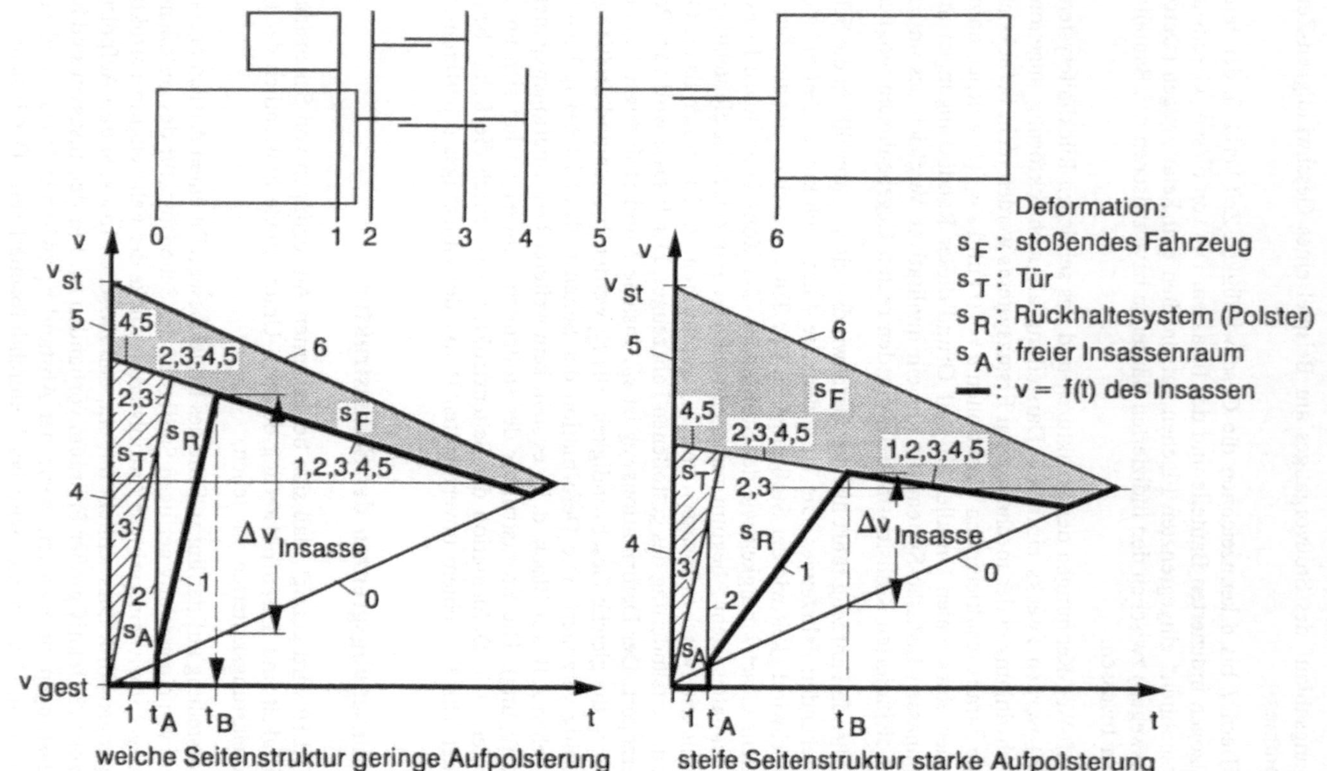

Bild 80. Geschwindigkeit-Zeit-Verlauf von Insasse und Fahrzeug bei extremen Auslegungen von Seitenstruktursteifigkeit und Türpolsterung.

dann ruckartig auf die Geschwindigkeit der vorderen Struktur des stoßenden Fahrzeuges *5* beschleunigt, die wegen geringer Energieabsorptionsfähigkeit der Seitenstruktur des gestoßenen Fahrzeuges noch nicht entscheidend reduziert wurde.

Die Darstellung auf der rechten Seite von B i l d 80 zeigt das Extrem des anderen Auslegungsfalles. Hierbei ist von einer sehr steifen Seitenstruktur sowie einer starken energieabsorbierenden Aufpolsterung auszugehen. Der Insasse wird infolge verstärkter Aufpolsterung sowie geringerer relativer Kollisionsgeschwindigkeit zwischen Türinnenseite des gestoßenen Fahrzeuges und ihm selbst erheblich niedriger belastet. Wesentliche Anteile der kinetischen Energie des stoßenden Fahrzeuges sind wegen Steifigkeitserhöhung der Seitenstruktur des gestoßenen Fahrzeuges bereits in Deformationsarbeit, vorrangig am stoßenden Fahrzeug, umgesetzt worden. Die stärkere Aufpolsterung − was gleichzeitig geringeren Freiraum des Insassen bedeutet − mildert zusätzlich die Belastung des Insassen.

11.3 Experimentelle Simulation mit Versuchspuppen

11.3.1 Aufprallkörper

In den letzten Jahren sind erhebliche Anstrengungen zur Definition des Aufprallkörpers (Barriere) für die Simulation von Seitenaufprallunfällen aufgebracht worden.

Die Barrieren unterscheiden sich deutlich in ihren Abmessungen. Für die CCMC-(Committee of Common Market Constructors)Barriere, die sehr stark von den europäischen Herstellern beeinflußt wurde, gelten die im B i l d 81 enthaltenen geometrischen Daten von europäischen Fahrzeugen. In diesem Bild ist auch die Kraft-Deformation-Charakteristik, die für die Barriere gewählt wurde, im Vergleich zu den europäischen Fahrzeugen wiedergegeben. Angesichts der Vielzahl der geschilderten Einflußgrößen wird sich die Beurteilung des Seitenschutzverhaltens nur an Hand eines mittleren Fahrzeuges ermöglichen lassen. Unfalluntersuchungen in den USA haben gezeigt, daß die „Crabbed configuration" ein dem realen Unfallverhalten ähnliches Verhalten zeigt. In der „Crabbed configuration" wird das aufprallende Fahrzeug in einer 90°-Stoßrichtung bei einem Gierwinkel von 27° (Simulation der Fahrbewegung beider Fahrzeuge) gegen die Fahrtrichtung des zu prüfenden Fahrzeuges mit 54,5 km/h in dessen Seite gefahren.

11.3.2 In den USA definierter Seitenaufpralltest

Bei der Prüfung mit der beweglichen Barriere ergeben sich die im B i l d 82 dargestellten Verzögerung-Zeit-Verläufe an der Aufprallbarriere und am getesteten Fahrzeug. Dem Versuch liegen folgende Daten zugrunde:

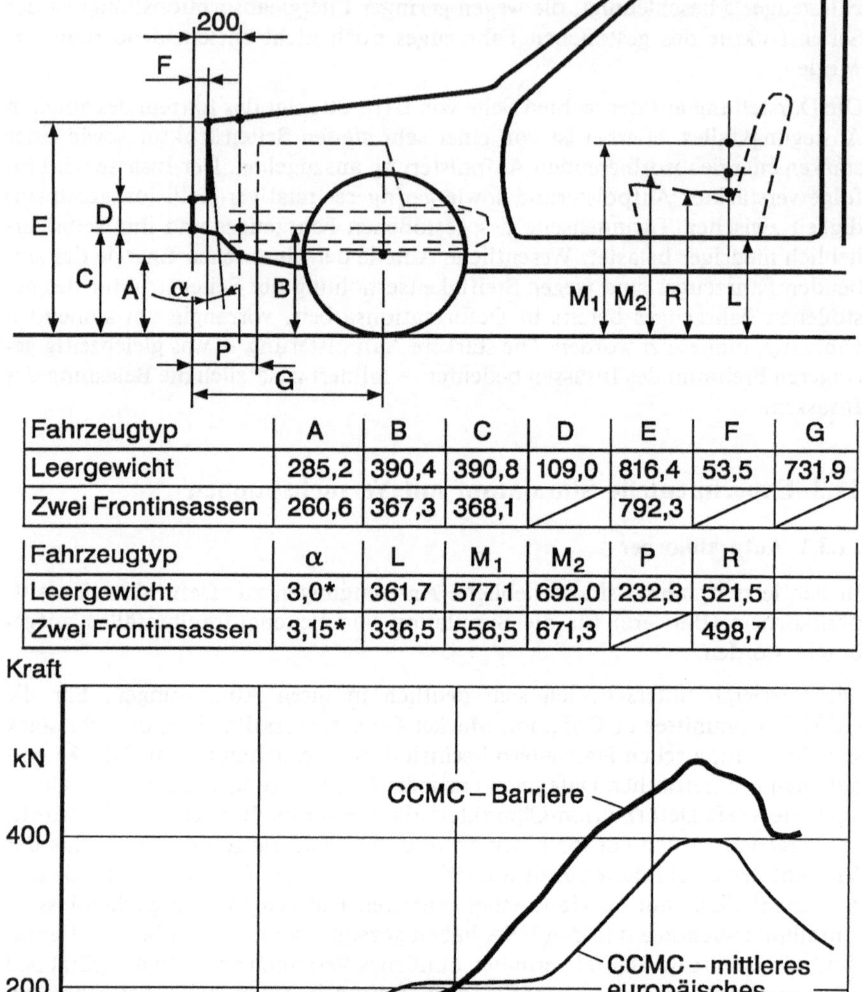

Fahrzeugtyp	A	B	C	D	E	F	G
Leergewicht	285,2	390,4	390,8	109,0	816,4	53,5	731,9
Zwei Frontinsassen	260,6	367,3	368,1		792,3		

Fahrzeugtyp	α	L	M_1	M_2	P	R
Leergewicht	3,0*	361,7	577,1	692,0	232,3	521,5
Zwei Frontinsassen	3,15*	336,5	556,5	671,3		498,7

Bild 81. Für den Seitenstoß relevante geometrische Daten von Fahrzeugen europäischer Hersteller und Kraft-Deformations-Charakteristik der CCMC-Barriere im Vergleich zu einem mittleren europäischen Fahrzeug.

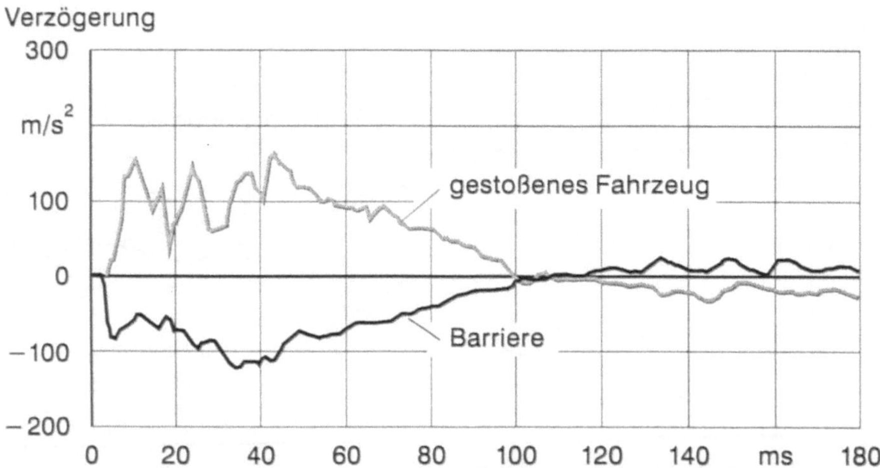

Bild 82. Verzögerung-Zeit-Verläufe an der Aufprallbarriere und am getesteten Fahrzeug (Versuch gemäß USA-Seitenaufprallvorschrift FMVSS 214).

Testfahrzeug $m_2 = 1435$ kg, Anfangsgeschwindigkeit $v_2 = 0$ km/h,
Barriere $m_1 = 1385$ kg, Anfangsgeschwindigkeit $v_1 = 54{,}5$ km/h.

Man kann erkennen, daß der Aufprall nach rd. 100 ms beendet ist. Interessant ist die Darstellung des Geschwindigkeitsverlaufes am Becken der Versuchspuppe. Bild 83 zeigt die theoretische Ableitung für die Fahrersitzversuchspuppe und die aus der Beschleunigungsmessung abgeleitete Geschwindigkeitsänderung. Die Übereinstimmung mit der Theorie ist gegeben.

Für die Beurteilung des Verletzungsrisikos werden die Brustbeschleunigungen gemittelt. Die Beckenbeschleunigung wird nach einer entsprechenden Filterung der Meßdaten ausgewertet. Bild 84 zeigt die entsprechenden Beschleunigung-Zeit-Verläufe.

In Europa wird zur Zeit der Einsatz eines Testverfahrens mit einer eigenen Barriere und einer besonderen Versuchspuppe (Euro-SID) diskutiert. Mit dem Euro-SID sollen auch die Kopfbeschleunigung, die Brustdeformation und die Deformationsgeschwindigkeit bewertet werden.

Der Euro-SID wird für Versuchszwecke ab Mitte 1992 zur Verfügung stehen. Die Kriterien für diese Versuchspuppe lauten wie folgt:

HPC (Head Protection Criterion) < 1000,
VC   (Viscous Criterion für alle 3 Rippen) $< 1{,}0$ m/s,
D (seitliche Rippeneindrückung für alle 3 Rippen) < 42 mm,

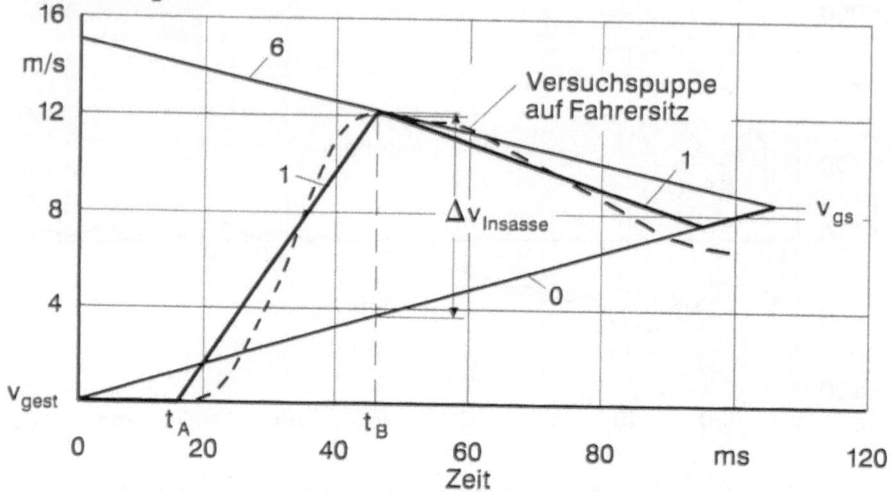

Bild 83. Theoretische Ableitung des Geschwindigkeitsverlaufes für die Fahrersitzversuchspuppe und aus Beschleunigungsmessung abgeleitete Geschwindigkeitsänderung des Fahrzeuges.

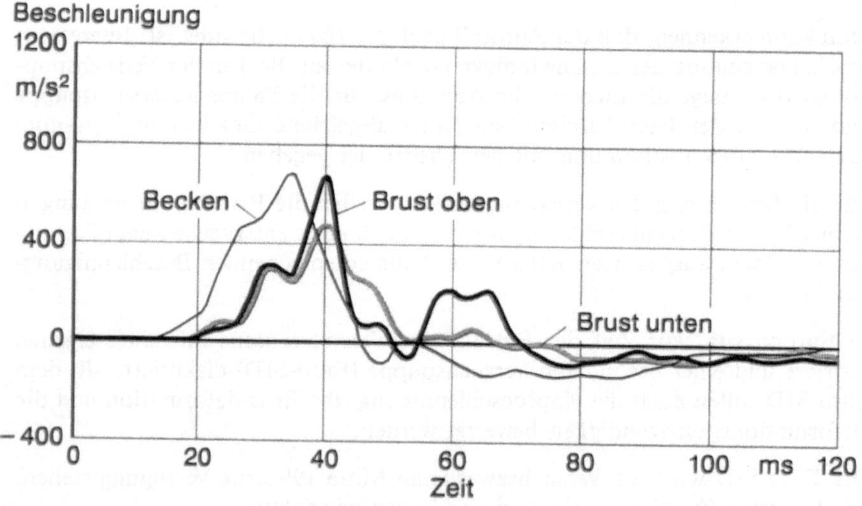

Bild 84. Beim Seitenaufprall an der Versuchspuppe gemessene Brust- und Beckenbeschleunigungen.

92

$F = F_{\text{Abdomen}} < 2,5\,\text{kN}$ (Kraft auf den Unterleib),
$A = F_{\text{Symphysis}} < 10\,\text{kN}$ (Kraft auf Symphysis).

Da ein überwiegender Anteil der Werte im Brustbereich definiert ist, kann die Erfüllung der Kriterien evtl. nur mittels einer besonderen Aufpolsterung im Beckenbereich erreicht werden. Ob das wirklich zur Reduzierung der Verletzungen beim Seitenaufprall beitragen wird, muß noch untersucht werden. Es muß gewährleistet sein, daß die Entwicklung der Erhöhung des Seitenschutzes nicht in die falsche Richtung geht.

11.4 Simulation von Seitenaufprallversuchen mit Hilfe eines kombinierten quasistatischen Versuchs- und Rechnereinsatzes

Wie bereits erläutert, ist die Komplexität des Seitenaufprallversuches wesentlich größer als die einer frontalen Kollision gegen ein festes Hindernis. Die in die Seite hineinfahrende Barriere und die Versuchspuppen ergeben zwangsläufig ein größeres Toleranzband. Aus diesen Gründen ist in der europäischen Automobilindustrie eine „Composite Test Procedure" (CTP) erarbeitet worden, um die Schutzpotentiale des zu prüfenden Fahrzeuges mit einer größeren Nachbildungstreue zu testen. Die Testprozedur besteht aus einer Kombination von quasistatischem Prüfstandsversuch und einem Berechnungsverfahren, das Ergebnisse liefert, die den Seitenaufpralltest (s. Abschn. 8.2), abdecken. Wie bei diesem Seitenaufpralltest stehen am Ende des Versuches Ergebnisse zur Verfügung, die eine Beurteilung des zu prüfenden Fahrzeuges bezüglich der Schutzfunktion beim Seitenaufprall erlaubt.

Das kombinierte Verfahren kann sehr früh in der Entwicklung von neuen Fahrzeugen eingesetzt werden und führt damit schneller und kostengünstiger als bisher zum Entwicklungsziel. Insbesondere ist es möglich, den Aufwand für die experimentelle Simulation zu verringern, da die kompliziert aufgebauten mechanischen Versuchspuppen (US-SID und Euro-SID) durch mathematische Puppenmodelle ersetzt werden. Die dummybedingten Streuungen der Meßwerte werden eliminiert. Gleichzeitig hat das Verfahren den Vorteil, daß die Wirkung von Schutzmaßnahmen ohne zusätzlichen Versuchsaufwand optimiert werden kann und daß sich der Einfluß anderer Kollisionsgeschwindigkeiten, Fahrzeugmassen und verschiedene Insassengrößen ermitteln läßt. Die rechnerische Simulation der mechanischen Versuchspuppen ist zunächst nur ein Zwischenschritt, bis Insassenmodelle vorliegen, die sogar das menschliche Verhalten abbilden und so eine noch bessere Beurteilung von verletzungsmindernden Maßnahmen zulassen.

Diese „Composite Test Procedure" (CTP) wird in einer Sequenz von mehreren Schritten durchgeführt. Zunächst werden die Kennungen der Front- und der

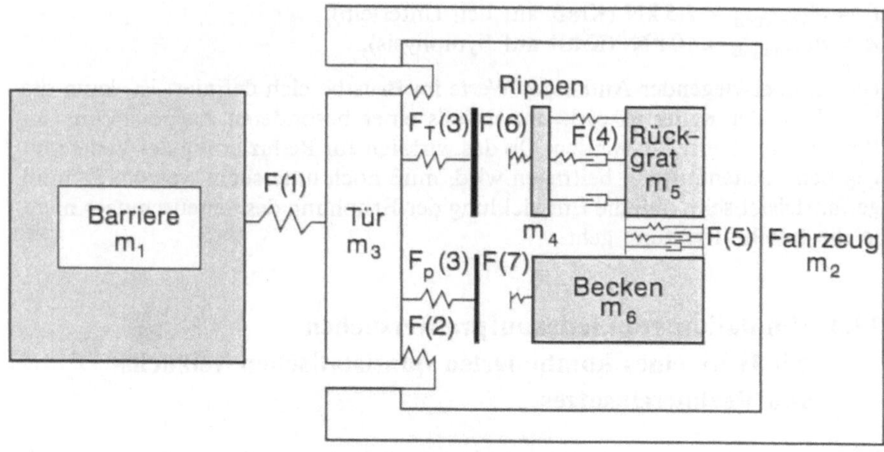

Bild 85. Modellprinzip der Composite Test Procedure (CTP).

Seitenstruktur ermittelt, danach die der Innentür einschließlich Polsterung gemessen, und dann wiederum der Strukturtest fortgeführt. Bild 85 zeigt das Prinzip. In einem vierten Schritt wird die Insassenbelastung berechnet. Die tatsächliche Prüfstandsausführung ist im Bild 86 zu erkennen. Das Verfahren arbeitet als „Hardware-in-the-loop"Prozeß, wobei mit einem Computer der zugehörige Prüfstand gesteuert wird. Kennzeichen dieses Verfahrens ist die Integration von Messung und Rechnung in dem vom Rechner gesteuerten gemeinsamen Ablauf. Die Rechnung bestimmt dabei, welche Versuchsdaten im Moment benötigt werden und steuert den Prüfablauf.

Aus den gemessenen Fahrzeugstruktur- und Polsterkennungen werden Bewegungen und Belastung des Insassen bei dem zu simulierenden Seitenaufprall berechnet. Dabei ist die Insassenbewegung die Führungsgröße des Prüfstandes.

Es ist klar, daß für die mathematischen Ableitungen die Kraft-Weg-Kennungen der verschiedenen Versuchspuppen (US-SID, Euro-SID) ermittelt werden müssen. Das gilt auch für die in die Seite der Fahrzeuge hineinfahrenden Barrieren. Die für den US-Seitenaufprall oder auch für das europäische Testverfahren verwendeten Barrieren werden bezüglich ihres Kraft-Weg-Verlaufes direkt simuliert und dienen zur Ermittlung der Seitenstrukturkennungen.

In Bild 87 (s. S. 96) sind als Beispiele dieser Versuchsreihe die im Prüfstandstest (CTP) und „Full Scale Test" ermittelten Daten dargestellt. Die Übereinstimmung zwischen beiden Versuchen ist schon sehr groß. Das CTP-Prüfverfahren wird in Europa mit dem Ziel untersucht, ob es generell zur Überprüfung der Einhaltung von Gesetzesforderungen eingesetzt werden kann.

Bild 86. Prüfstandsausführung für die Composite Test Procedure (CTP).

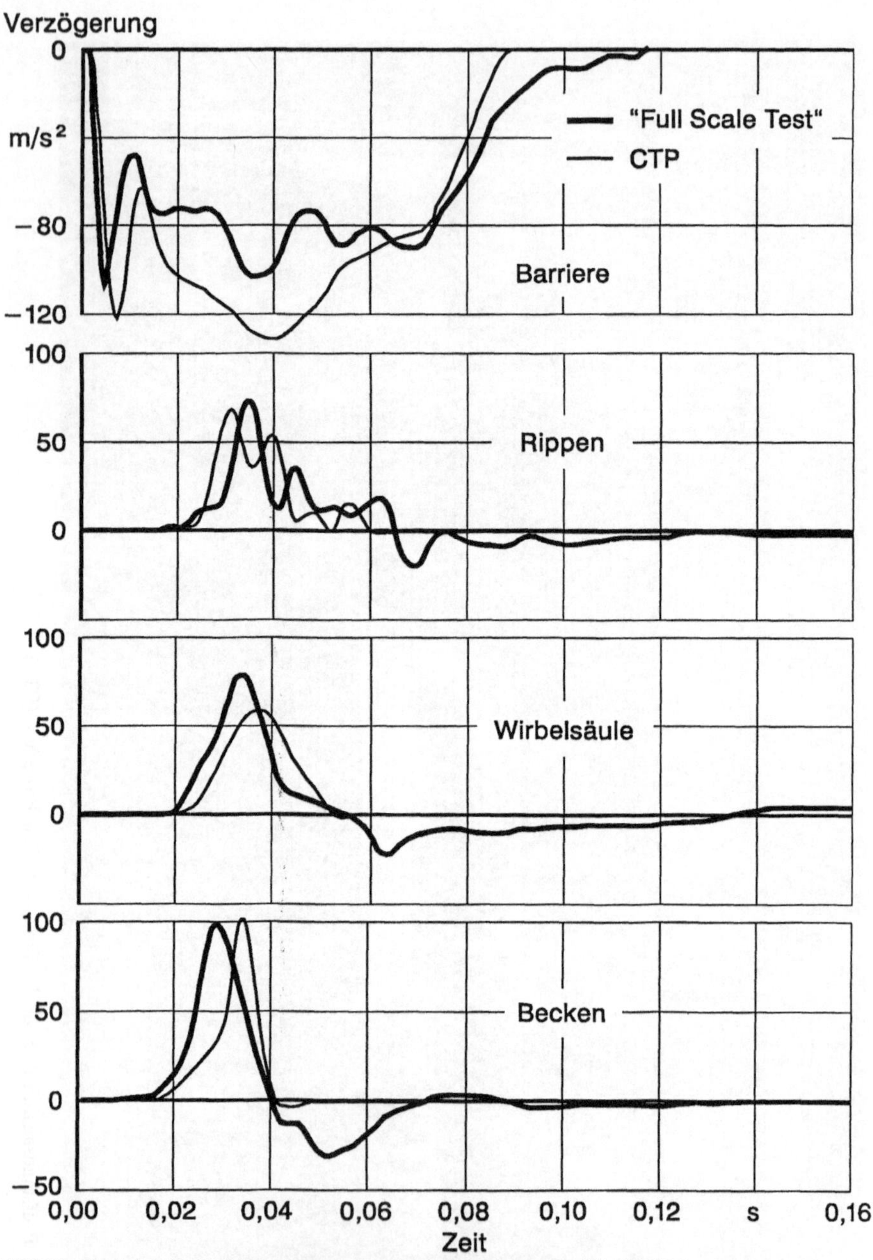

Bild 87. Vergleich im Prüfstandsversuch (CTP) gemessener und in Vollfahrzeug-Aufprall-versuchen ermittelter Wirbelsäulenbeschleunigungen, Rippenbeschleunigungen, Beckenbeschleunigungen und Barrierenverzögerungen.

Die Optimierung der Fahrzeuge bezüglich der Insassensicherheit bei seitlichen Kollisionen ist der nächste wichtige Schritt auf dem Gebiet des Insassenschutzes. Bei dieser Optimierung darf nicht nur das zu testende Fahrzeug berücksichtigt werden. Auch die Strukturaggressivität des in die Seite hineinfahrenden Fahrzeuges muß in den Optimierungsprozeß einbezogen werden.

12 Rechnerunterstützung bei der Entwicklung von Sicherheitskomponenten

12.1 Grundlagen

Schon in der Vorentwicklungsphase eines Kraftfahrzeuges muß an Hand der geometrischen Vorgaben ein Optimierungsprozeß zwischen Unfallverhalten, Masse, Innenraumakustik und Schwingungsverhalten gefunden werden. Der Durchbruch auf dem Gebiet der Berechnung wurde erreicht durch die Entwicklung von stabilen Softwareprogrammen und die Weiterentwicklung der Supercomputer, deren Leistungsfähigkeit sich in den letzten Jahren fast alle zwei Jahre verdoppelt hat. Wenn auch viele Parameter die Ergebnisse bei Unfallsimulationsversuchen beeinflussen, so ist doch die Berechnung ein wichtiger Beitrag zur Verbesserung der gesamten Entwicklungsabläufe. Beim Simultaneous-Engineering-Prozeß spielt die Berechnung für das Zusammenwirken von Entwicklung, Produktion, Marketing, Finanzen sowie Qualitätssicherung und -planung eine immer größere Rolle.

12.2 Beschreibung der numerischen Werkzeuge

Die wichtigste Aufgabe bei jeder rechnergestützten Ingenieurarbeit ist die Erstellung und Anwendung physikalisch-mathematischer Modelle [25].

Schon bei der Modellherstellung müssen die physikalischen Eingangsgrößen und das zu untersuchende Bauteil bekannt sein. Je nach Projektphase wird das Ergebnis von Trendaussagen über Detaillösungen bis zur vollen Prognosefähigkeit reichen.

Im Vergleich zur Vergangenheit gibt es heute schon zahlreiche Hilfsmittel, um das physikalische Modell in ein entsprechendes mathematisches Modell umzuwandeln.

Der wichtigste Aspekt für den Automobilingenieur ist nicht so sehr die eigentliche Entwicklung neuer Software, sondern die kreative Anwendung der Programme. Bei Volkswagen werden mehrere Programmpakete für die Crash-Berechnung eingesetzt (Bild 88). Dennoch werden auch zukünftig noch zahlreiche Versuche durchgeführt werden müssen. Dementsprechend umfaßt das Crash-Test-Modul die Versuchsanalysesoftware, die auch einen Vergleich zwischen Schlitten- und Crashversuchen ermöglicht.

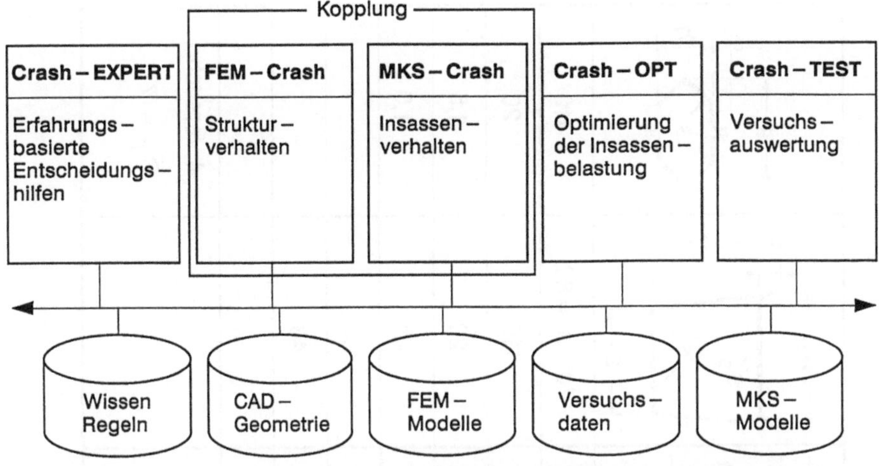

Bild 88. Module der computergestützten Sicherheitsberechnungen bei Volkswagen.

Die CAD-Daten (CAD = Computer Aided Design) bilden die Basis für das FEM-Modell (FEM = Finite-Element-Methode). Hiermit wird das Fahrzeugstrukturverhalten untersucht; von den einzelnen Komponenten bis hin zur Gesamtfahrzeugstruktur. Dabei ist die bei den meisten Automobilherstellern auf Supercomputern installierte Software ein wesentliches Element. Zum Beispiel enthält das Modul MKS (MKS = Mehrkörpersysteme) das Berechnungsprogramm zur Simulation der Insassenbewegung einschließlich der Interaktion mit den Rückhaltesystemen und dem Fahrzeuginnenraum.

Ein Ansatz ist die softwareseitige Kopplung. Sie ermöglicht nicht nur den Ersatz bestimmter MKS-Module durch FEM-Bausteine, sondern auch die integrierte Berechnung eines kompletten Fahrzeuges mit Rückhaltesystemen und Insassen.

Die Bausteine Crash-Opt (Optimale Struktur für bestimmte Rückhaltesysteme) und Crash-Expert (Wissens- und erfahrungsbasiertes Entscheidungssystem) befinden sich noch im Aufbau. Beide Module, FEM und MKS-Crash, besitzen zahlreiche Pre- und Postprozessoren einschließlich der Verbindungen der Module untereinander.

12.3 Komponentenberechnung

Wichtigste Bauteile für die Energieabsorption bei vielen Unfallarten sind die vorderen Längsträger. Zahlreiche Theorien haben sich mit dem Phänomen des Faltenbeulens als Mittel zur optimalen Energieumsetzung beschäftigt. In Versu-

		square profile	L-profile	Z-profile	trapezoid (a_1)	hexagon
a	mm	50 – 100	20 ÷ 100	50	70 $a_1=80$	110
h	mm	–	20 ÷ 100	50 ÷ 70	110	20
f	mm	–	10 ÷ 20	20	20	1,5
s_L	mm	2,0 4,0	1,0 1,5	1,5 1,5	1,5	1,0
s_D	mm	–	1,0 1,5	1,0 1,5	1,0	
$\overline{\Theta}_F$		43 43	50 43	45 45	48	
s_Θ		1,9 1,5	– 3,0	1,5 2,2	–	
		17 Versuche	61 Versuche $\overline{\Theta}_F = 47,5$ $s_\Theta = 4,7$	9 Versuche $\overline{\Theta}_F = 45$ $s_\Theta = 1,7$		4 Versuche $\overline{\Theta}_F = 77$

Bild 89. Querschnitte unterschiedlicher Längsträgerprofile nach BEERMANN/STAISCH [29].

chen wurde für die im Bild 89 dargestellten Profile folgende Beziehung für die mittlere Faltenbeulkraft F erarbeitet:

$$F = \theta_F \cdot \delta_F \cdot \alpha_F \frac{s_x^2 \cdot U_x}{U_a} \; ; \tag{26}$$

θ_F = Formbeiwert,
δ_F = Fließgrenze des Werkstoffes,
α_F = 1,0 bis 1,5 geschwindigkeitsabhängiger Erhöhungsfaktor,
s_x = Blechdicke,

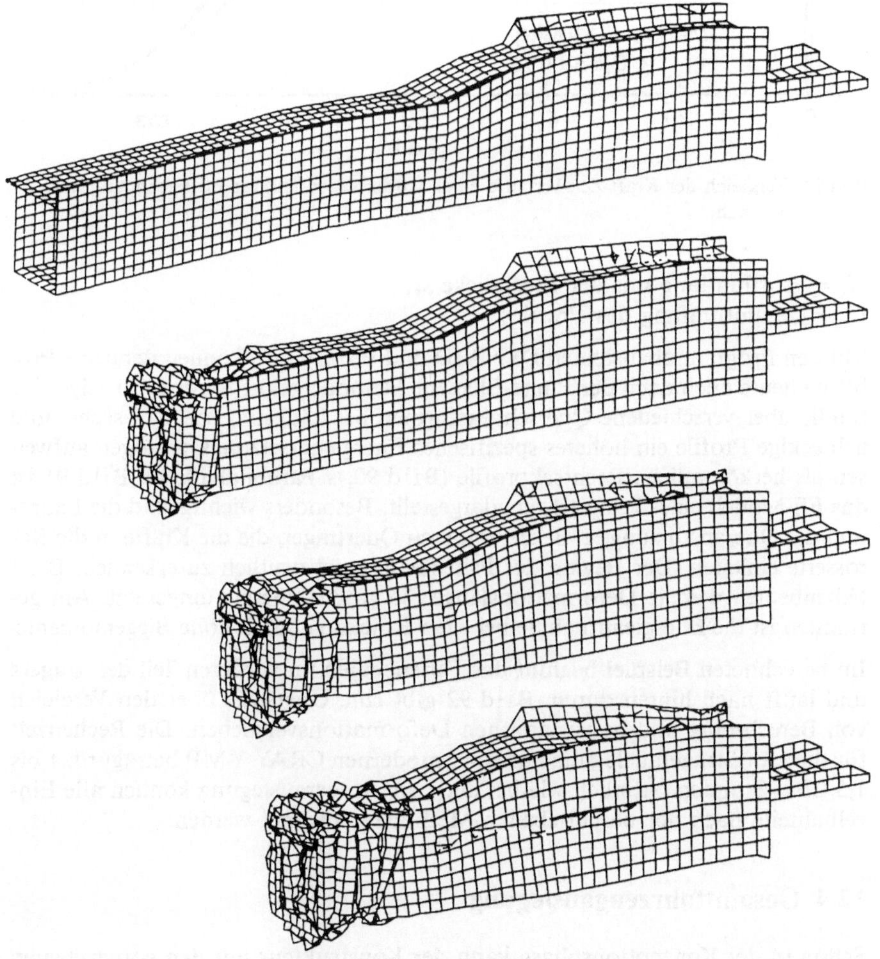

Bild 91. Finite-Element-Modell eines Längsträgers (Verhalten während der Deformation).

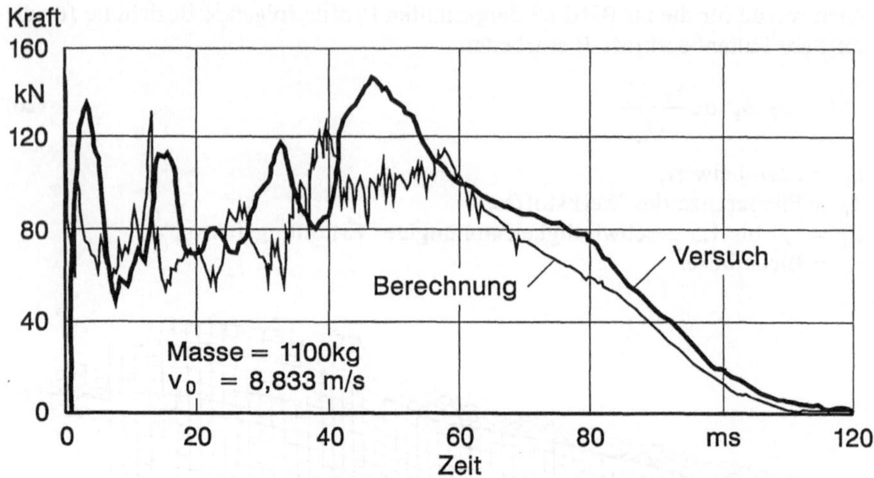

Bild 92. Vergleich der Kraft-Zeit-Verläufe einer Vorderwagenstruktur in Berechnung und Versuch.

U_x = Profilumfang mit der Blechdicke s_x,
U_a = Gesamtumfang des Profiles.

Mit den Programmbausteinen DYNA3D und PAM-Crash können derartige Probleme heute auch nach der Finite-Element-Methode gelöst werden. So zeigt eine Studie über verschiedene Querschnittsformen bei Längsträgern, daß sechs- und achteckige Profile ein höheres spezifisches Energieumsetzungsvermögen aufweisen als herkömmliche Rechteckprofile (Bild 90, s. Farbbildteil). Im Bild 91 ist das FE-Modell eines Längsträgers dargestellt. Besonders wichtig sind die Längs- und die Querabstützung, z. B. die vorderen Querträger, die die Kräfte in die Karosserie einleiten. Der Beginn des Faltenbeulens ist deutlich zu erkennen. Beim Faltenbeulen wird je Deformationslänge die größte Energie umgesetzt. Am geringsten ist die Energieaufnahme bei einer Knickung durch hohe Biegemomente.

Im berechneten Beispiel beginnt das Faltenbeulen im vorderen Teil des Trägers und läuft nach hinten durch. Bild 92 gibt eine Übersicht über den Vergleich von Berechnung und quasistatischen Deformationsversuchen. Die Rechenzeit für die Längsträgerauslegung auf einer modernen CRAY Y-MP beträgt rd. 1 bis 1,5 CPU-Stunden. Ähnlich wie bei der Längsträgerauslegung können alle Einzelbauteile nach der beschriebenen Methode berechnet werden.

12.4 Gesamtfahrzeugauslegung

Schon in der Konzeptionsphase kann der Konstrukteur mit den vorgegebenen Eckdaten der grundsätzlichen Auslegung, wie Radstand, Spurweite, Aggregatlage, Aggregatgröße und sonstigen Dimensionierungsdaten erste Berechnungsläufe durchführen, die als Prinzipstudien allerdings noch keine quantifizierbare Aussage liefern. Sie ermöglichen aber den Bau von Prototypen, deren Sicherheitsverhalten gut vorausgesagt werden kann.

In der späteren Entwicklungsphase werden schon wesentlich präzisere Aussagen sowohl aus Berechnung als auch aus den Versuchen erwartet. Das setzt bereits

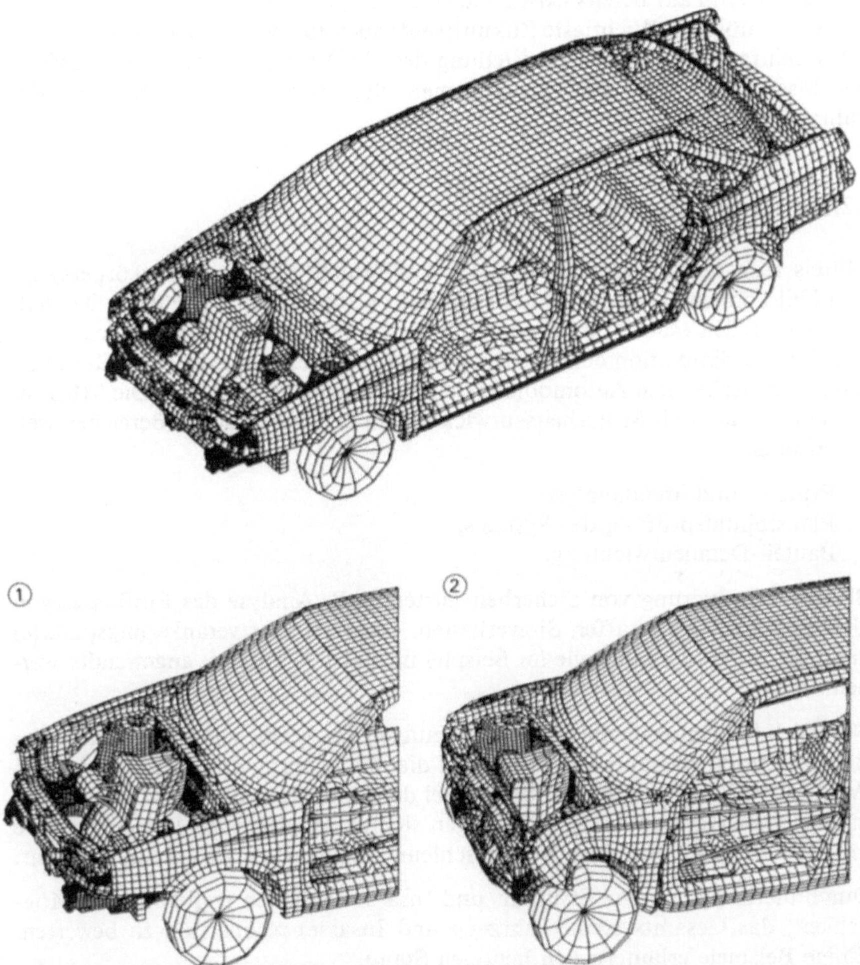

Bild 93. Finite-Element-Simulation (28 000 Elemente, 25 000 Knoten) eines 50-km/h-Wandaufpralles mit einem VW Passat.

1 Vorderwagen unverformt; 2 Vorderwagen nach 55 ms.

Vorderwagenmodelle (ohne Insassensimulation) mit mehr als 30 000 Elementen voraus und erfordert nicht nur leistungsfähige Großrechner, sondern auch Verfahren zum Vereinfachen der FE-Modellerstellung. Im Bild 93 ist die Simulation eines VW-Passat-Vorderwagens mit Quermotorkonzept nach einem 50-km/h-Aufprall gegen eine feste Wand dargestellt.

Der zur Zeit erreichte Stand der Berechnung hat bereits zahlreiche Zweifler positiv beeinflußt. Vor allen Dingen ist die schnelle Beurteilung von Veränderungen, aufbauend auf bereits existierenden Prototypen, inzwischen durch die Berechnung möglich. Wichtigste Zukunftsaufgaben für den weiteren Einsatz sind die Vereinfachung der Modellerstellung der CAD-Daten und die Verknüpfung der Insassen mit den Rückhaltesystemen, dem Fahrzeuginnenraum und der Fahrzeugstruktur.

12.5 Insassensimulation

Mittels Insassensimulation über MKS-Programme (MKS = Mehrkörpersysteme) [26] können Insassenrückhaltesysteme optimiert werden. Für die Modellbildung werden exakte Eingabedaten insbesondere der Versuchspuppen benötigt. Bei der Simulation der Versuchspuppen wird bezüglich der Modellbildung intensiv zwischen den Automobilherstellern zusammengearbeitet. Die MKS-Simulation erlaubt die Sicherheitsentwicklung in drei wesentlichen Bereichen weiterzuführen:

- Prinzip- und Trendanalyse,
- Plausibilitätsprüfung des Systems,
- Bauteil-Detailentwicklung.

Bei der Optimierung von Sicherheitsgurten (z. B. Analyse des Einflusses von Gurtklemmer, Gurtstraffer, Sitzverhalten, Lage der Gurtverankerungspunkte) kann die MKS-Methode, wie im Beispiel im Bild 94 gezeigt, angewendet werden.

Natürlich können auch die Relativbewegungen der Versuchspuppe zur Karosserie oder einzelnen Bauteilen, aber auch die Verzögerung-Zeit-, Kraft-Zeit- und Weg-Zeit-Verläufe dargestellt werden. Bei der Simulation des Unfallgeschehens mittels eines Horizontalschlittens zeigen sich im Vergleich zur Berechnung die im Bild 95 aufgezeichneten Kopfbeschleunigungswerte als Funktion der Zeit.

Durch die Kopplung von Struktur- und Insassenverhalten ergibt sich die Möglichkeit, das Gesamtsystem (Fahrzeug und Insasse) rechnerisch zu bewerten. Einige Beispiele erläutern den heutigen Stand.

So wurde eine Untersuchung durchgeführt, um zu ermitteln, ob die Strukturauslegung zunächst ohne Berücksichtigung der Versuchspuppen zu den gleichen Ergebnissen führt. Der Grund dieser Untersuchung liegt u. a. in der Quali-

Modell

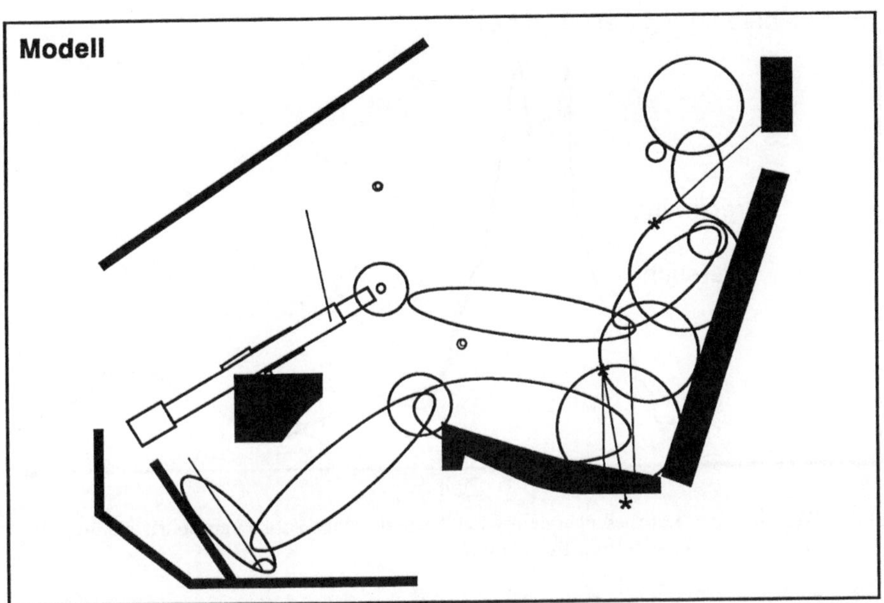

Optimierungsszenario in %

Maßnahmen	HIC	Verletzungsschwere, Kräfte		Ober − schenkel − kräfte	Brust − deformation
		Beckengurt Außen	Innen		
Validierung Basis	100	100	100	100	100
theoretische Strukturopti − mierung (TSO)	81	94	99	87	96
Kraftbegrenzer im Schultergurt + TSO	70	101	102	85	87
Gurtklemmer und Gurtkraft − begrenzer + TSO	51	85	85	82	96

Bild 94. Optimierungsergebnisse und Parameterstudien mit einem MKS-Insassensimulations-modell.

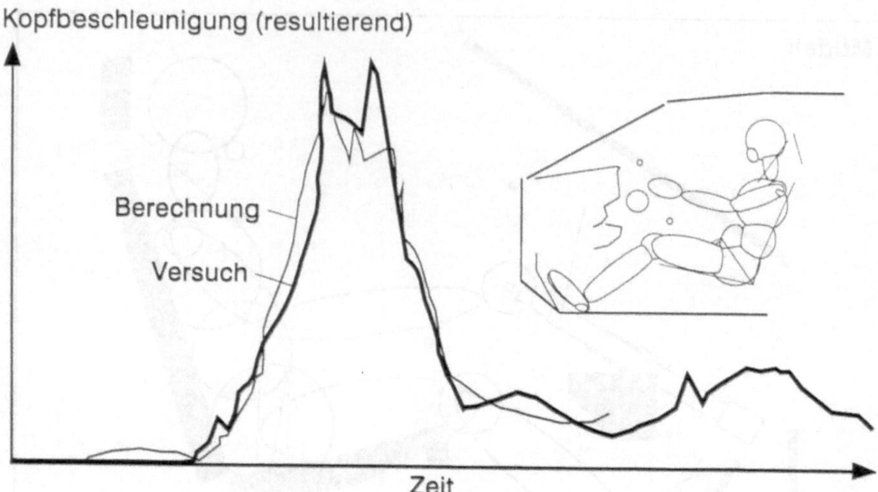

Bild 95. Vergleich der Kopfbeschleunigung-Zeit-Verläufe eines Fahrzeuginsassen im Frontalaufprall aus Versuch und Berechnung.

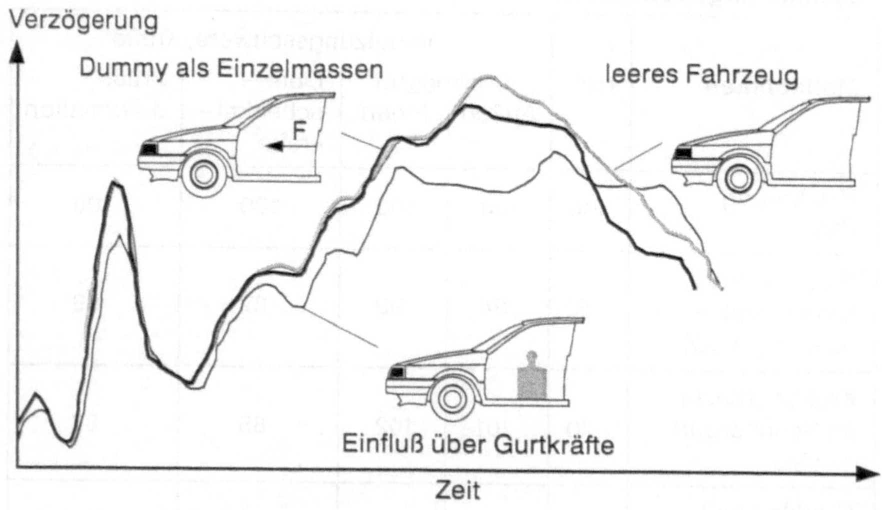

Bild 96. Verzögerung-Zeit-Funktionen eines Fahrzeuges beim Frontalaufprall (Insassen unterschiedlich berücksichtigt).

Anwendungen

- **Airbag – Simulation**

- **Ersatz von Bauteilen
  durch FEM – Modelle
  (z.B. Kniepolster,
  Tür, usw.)**

- **Integrierte Gesamt –
  Simulation**

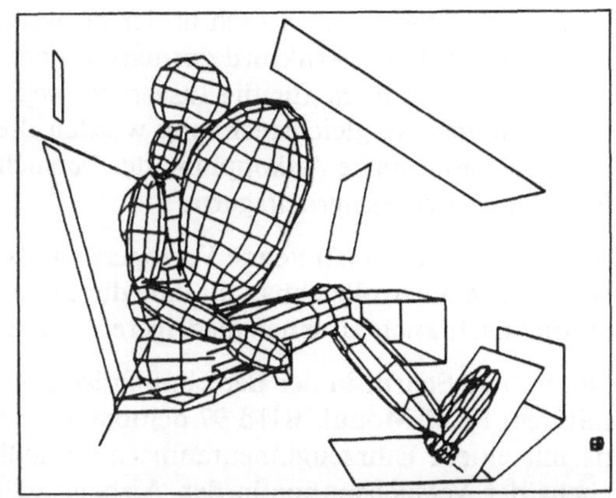

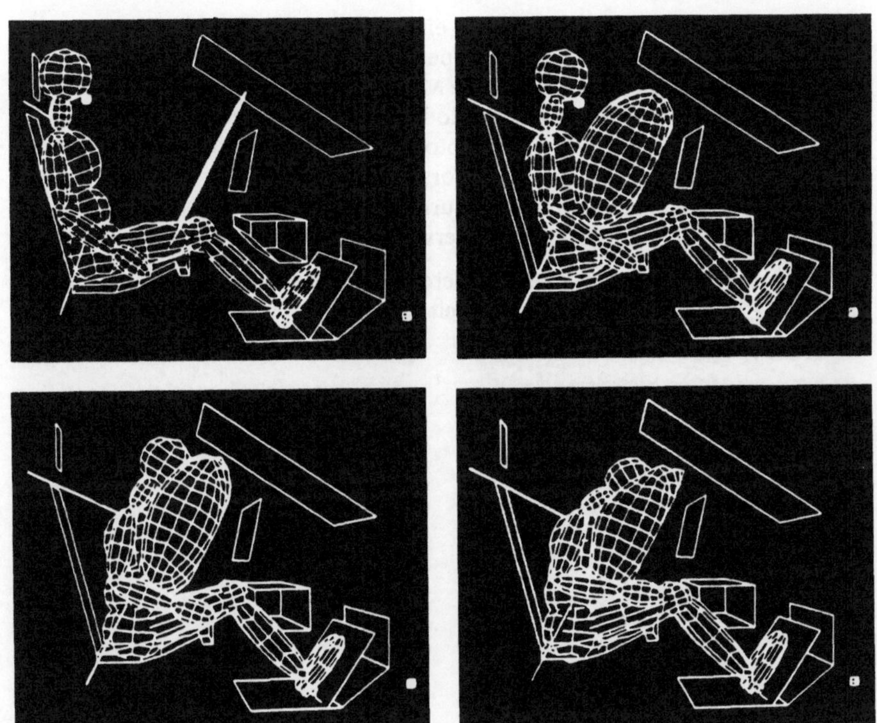

Bild 97. Gekoppelte FEM-MKS-Insassensimulation mit FEM-Airbag-Modell.

tät des Ergebnisses, aber auch in der notwendigen Rechenzeit. Während beim Frontalaufprall die Strukturdeformation nach rd. 80 ms so gut wie abgeschlossen ist, gilt dies nicht für die Insassenbewegung, die durchaus 160 ms dauern kann. In einer Vergleichsrechnung wurden drei Varianten betrachtet: das leere Fahrzeug, eine starre Ankopplung der Versuchspuppen und die Simulation der Belastung über Sicherheitsgurte.

Bild 96 zeigt die auftretende Verzögerung als Funktion der Zeit. Das Ergebnis ist insofern nachvollziehbar, als eine durch die Insassen erhöhte Fahrzeugmasse automatisch auch zu einer niedrigeren Fahrzeugverzögerung führt.

Der weitere Schritt in der Berechnung ist dann die Kopplung des MKS-Moduls mit dem FEM-Modul. Bild 97 demonstriert die Kopplung einer Versuchspuppe mit einem Fahrzeuginnenraum einschließlich des Aufblasens und Eintauchens der Versuchspuppe in den Airbag.

Die Simulation des Aufprallverhaltens einschließlich des Rückhaltesystems unter Berücksichtigung der Versuchspuppen ist ein wichtiges Hilfsmittel im Entwicklungsprozeß. Der Aufwand für die Modellerstellung kann dann als gerechtfertigt bezeichnet werden, wenn das Modell die Basis für eine ganze Modellreihe ist. Auf Grund der vielfältigen Motor- und Getriebekombinationen ist die Berechnung auch hilfreich für eine „Worst-case"-Betrachtung, d. h. die Betrachtung der denkbar schlechtesten Konfiguration. Allerdings wird auch in Zukunft auf Entwicklungs- und Bestätigungsversuche nicht verzichtet werden können.

Die Fortschritte auf dem Gebiet der Berechnung lassen in Zukunft jedoch eine deutliche Entlastung der Versuchsarbeit erwarten.

13 Kompatibilität

Da auf dem Gebiet der Unfallfolgenmilderung bereits erhebliche Fortschritte erreicht wurden, wird die Verträglichkeit oder Kompatibilität der Verkehrsteilnehmer untereinander zunehmende Bedeutung bei sicherheitsrelevanten Maßnahmen finden.

Im Unfallgeschehen des Straßenverkehrs sind besonders folgende Teilnehmergruppen zu berücksichtigen: Fußgänger, Zweiradfahrer, Pkw-, Lkw- und Businsassen. Verletzungen können bei Unfällen mit einem anderen Kollisionspartner oder beim Alleinunfall auftreten. Bei Kompatibilitätsuntersuchungen hat sich gezeigt, daß ein globaler Ansatz, der alle Kollisionsgruppen einschließt, außerordentlich komplex ist und die Lösungsmöglichkeiten sehr erschwert. Im folgenden wird daher die Kompatibilitätsbetrachtung auf die Kollision von Pkw und die Verletzungen dieser Pkw-Insassen als Fallbeispiel begrenzt.

Für die Auslegung von Fahrzeugen gehen unter Kompatibilitätsaspekten folgende Kriterien in den Kollisionsablauf ein:

- Massenverhältnis,
- Geometrie der Fahrzeugstruktur,
- Kraft-Weg-Kennung der Fahrzeugstruktur,
- Anordnung und Masse der Antriebsaggregate,
- Rückhaltesysteme,
- Geometrie der Fahrgastzelle (Überlebensraum),
- Verhalten von Lenkung, Armaturenbrett, Aufpolsterung usw.

Um berechnungsgestützte Aussagen über die Auswirkung möglicher sicherheitstechnischer Maßnahmen treffen zu können, ist zunächst ein Ersatzmodell für das Unfallgeschehen erforderlich. Aus der vorhandenen Datenbasis müssen die momentane Fahrzeugverteilung, eine Klassifikation der Fahrzeuge und die repräsentativen Fahrzeugmassen dieser Klassen mit den Daten der Unfallstatistik – den wichtigen Kollisionstypen und Geschwindigkeiten – so kombiniert werden, daß eine Ersatzunfallwelt geschaffen wird. Die Ersatzunfallwelt läßt sich für Pkw-Kollisionen mit folgenden Unfallsimulationstests nachahmen:

- frontale Kollision eines großen Fahrzeuges mit einem kleinen Fahrzeug,
- frontale Kollision eines großen und eines kleinen Fahrzeuges mit einer festen Barriere,
- frontale schräge Kollision eines großen Fahrzeuges mit einem kleinen Fahrzeug,

– großes Fahrzeug unter 90° in die Seite des kleinen Fahrzeuges,
– großes Fahrzeug schräg von vorn in die Seite des kleinen Fahrzeuges,
– großes Fahrzeug schräg von vorn in die Tür des kleinen Fahrzeuges,
– kleines Fahrzeug schräg von vorn in die Tür des großen Fahrzeuges.

Dabei werden die realen Unfälle durch die ausgewählten repräsentativen Kollisionspartner und Geschwindigkeiten ersetzt.

Ebenso müssen die Fahrzeugmassen der Fahrzeuge, die sich auf unseren Straßen befinden, einbezogen werden. In den letzten Jahren hat sich die mittlere Fahrzeugleermasse auf 900 kg erhöht. 5% der Fahrzeuge wiegen unter 700 kg und 5% über 1350 kg.

Bei Kompatibilitätsbetrachtungen muß die Verringerung der Unfallfolgekosten, allen daraus relevanten Nebenfolgen, wie evtl. verringerter Komfort, erhöhter Energie- und Rohstoffverbrauch, gegenübergestellt werden. Allerdings wird von den heutigen Fahrzeugbesitzern vorausgesetzt, daß der Selbstschutz, d. h. der Schutz als Insasse im eigenen Fahrzeug, nicht verringert wird.

Tabelle 3. AIS-Skala (Abbreviated Injury Scale).

AIS-Stufe	Verletzungsschwere
1	Leichte Verletzung, z. B. – Schürf- und Schnittwunden, – Prellungen
2	Mittelschwere Verletzung, z. B. – tiefe Fleischwunden – Gehirnerschütterung mit Bewußtlosigkeit (unter 15 min)
3	Schwere Verletzung, z. B. – Gehirnerschütterung mit Bewußtlosigkeit (unter 1 h) – Zwerchfellriß, – Verlust eines Auges
4	Sehr schwere Verletzung (lebensgefährlich), z. B. – Hirnquetschung mit Bewußtlosigkeit (unter 24 h), – Magenriß, – Beinverlust oberhalb des Knies
5	Sehr schwere Verletzung (niedrige Überlebenschance), z. B. – Hirnquetschung mit Bewußtlosigkeit (über 24 h), – Herzmuskelriß, – Rückenmarkverletzung mit Querschnittslähmung
6	Sehr schwere Verletzung (sehr niedrige Überlebenschance, nicht behandelbar), z. B. – Schädelzertrümmerung, – Brustkorbzerquetschung, – Abriß des Rückenmarks in Höhe des 3. Halswirbels oder darüber

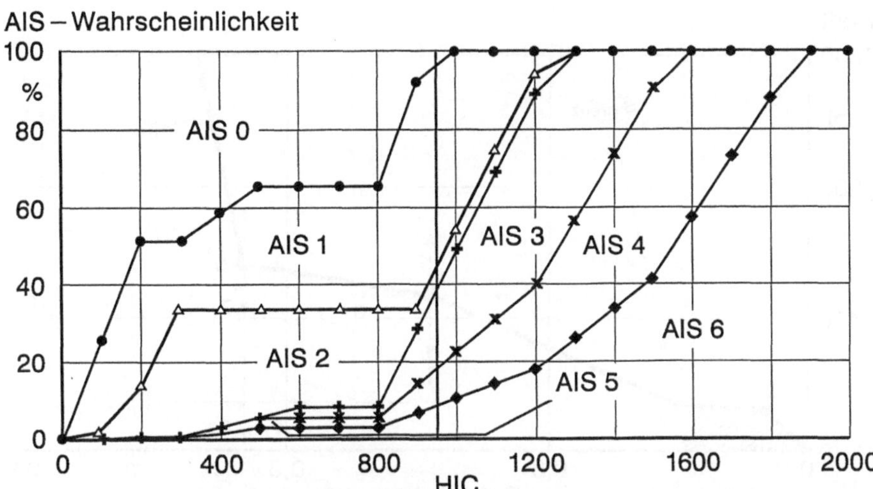

Bild 98. Korrelation zwischen Kopfverletzungskriterium HIC und realer Unfallverletzung AIS.

Neben der Beschreibung der Unfallart muß daher auch eine Information über die Verletzungsart und -schwere vorliegen. Zwischen der Verletzungsschwere, die nach der „AIS"-Skala (Tabelle 3) eingestuft wird und dem Verletzungskriterium, das mittels Versuchspuppe gemessen und berechnet wird, muß eine Beziehung gefunden werden. Bild 98 stellt eine derartige Korrelation zwischen dem HIC-Kriterium und der Wahrscheinlichkeit dar, bestimmte Verletzungen in realen Unfällen (beschrieben durch AIS) zu erfahren.

Mit der Kenntnis der Kosten der Fahrzeugwelt, die sich hauptsächlich aus den Herstell- und Betriebskosten sowie den durch Verkehrsunfälle entstehenden Kosten zusammensetzen, lassen sich die Fahrzeuge durch mathematische Simulation optimieren.

Die Optimierung der Kraft-Weg-Kennung der Fahrzeugstruktur kann z. B. durch das im Bild 99 gezeigte Verfahren vorgenommen werden.

Für verschiedene Masseklassen und Rückhaltesysteme können die Kraft-Deformations-Kennlinien so lange verändert werden, bis ein Minimum der Gesamtkosten (Unfallfolgekosten, Herstell- und Betriebskosten) erreicht wird. Kennt man

– das Unfallgeschehen in Korrelation zur „AIS"-Verletzungsschwere,
– die Korrelation der „AIS"-Insassenverletzung mit der Belastung der Versuchspuppe,
– die finanzielle Bewertung der Insassenverletzung und der durch den Konstruktionsaufwand entstehenden Kosten,

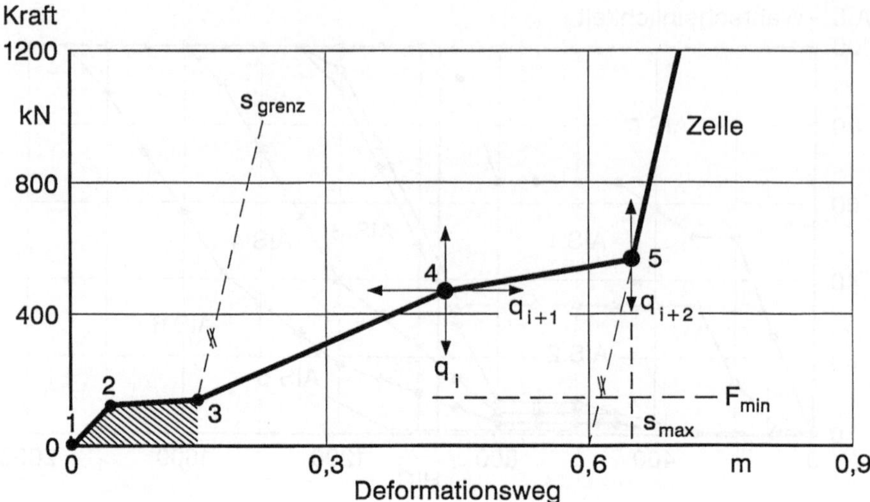

Bild 99. Auslegung der Frontstruktur kompatibler Fahrzeuge hinsichtlich ihrer Energieaufnahme.

so kann man Fahrzeuge und Rückhaltesysteme im Hinblick auf minimale Gesamtkosten optimieren. In einer umfassenden Studie [27], die auch vom Bundesministerium für Forschung und Technologie gefördert wurde, hat die Volkswagen-Forschung unter Verwendung eines Frontkollisions- und eines Seitenkollisionsmodelles ein spezielles Optimierungsverfahren entwickelt, um kompatible, d. h. miteinander verträgliche, Fahrzeuge zu finden.

Grundlage des Verfahrens ist das Prinzip der biologischen Evolution. Die hierbei gültigen Naturgesetze wurden auf das Optimierungsmodell übertragen. Das Chromosom ist dabei gleichzusetzen mit einem Parameter. Eine Mutation besteht darin, daß einer oder mehrere Parameter gleichzeitig und zufällig geändert werden. Ein Parametersatz kann darüber hinaus aufgeschnitten und mit den sich gegenseitig ergänzenden Teilen eines anderen Parametersatzes neu kombiniert werden. Die Auswahl der Schnittstellen erfolgt wiederum zufällig. Durch Übernahme günstiger Parameter und Aussortierung „schlechter" Parameter vollzieht sich eine ständige Verbesserung im Sinne des gewünschten Zieles.

Aus den Ergebnissen der Studie wurden folgende Schlüsse gezogen:

— Die Umsetzung einer höheren Deformationsenergie zwischen Frontbereich und Motor senkt die Aggressivität des Fahrzeuges; beim Aufprall gegen ein anderes Fahrzeug verbessert das Absenken der Deformationsenergie im oberen Bereich der Frontstruktur den Seitenschutz. Die Umsetzung einer Deformationsenergie zwischen Motor und Insassenschutz erhöht den Insassenschutz.

112

- Der Seitenschutz kann durch adäquate Auslegung des Frontbereiches erheblich verbessert werden.
- Bei angelegtem Sicherheitsgurt ist das Sicherheitsniveau heutiger Fahrzeugkonstruktionen ausreichend, allerdings hilft das Airbag-System, Kopfverletzungen zu reduzieren.
- Durch Abstimmung der Fahrzeugstrukturkennung mit dem Sicherheitsgurtsystem wird der Insassenschutz verbessert.
- Eine Gurtvorspannung verbessert zwar den Insassenschutz, steht aber in keinem ausgewogenen Verhältnis zum finanziellen Aufwand.

Das Verfahren der Kompatibilitätsoptimierung kann nicht nur für die Maßnahmen an den Fahrzeugen, sondern auch auf andere Einflußgrößen, wie Verkehr, Rettungswagen, Verkehrserziehung, Alkoholverbot für Fahrzeugführer usw., angewendet werden. Ebenso wie Betrachtungen des Nutzen-Kosten-Verhältnisses von Sicherheitsmaßnahmen dienen diese Überlegungen nicht so sehr zur Festlegung der absoluten Höhe der Anforderungen, sondern können vielmehr zur Festlegung von Prioritäten herangezogen werden.

14 Zusammenfassung

Die Fahrzeugsicherheit wird nicht mehr isoliert betrachtet, sondern ist nun ein integrierter Bestandteil der Fahrzeugentwicklung. Dieser Vorgang vollzog sich ähnlich wie die Wandlung des Automobils vom eigenständigen Transportmittel zum integralen Bestandteil eines Transportsystems. Ohne diese Wandlung hätte das Automobil mittelfristig einen schweren Stand in der öffentlichen Diskussion. Die Möglichkeiten, das Fahrzeug als Transportmittel noch sicherer zu machen, sind durch den Einsatz von moderner Technik weiter gestiegen. Die Initiativen einzelner Hersteller, z. B. in den Jahren 1991/92 durch den Volkswagenkonzern, haben – unabhängig von den sicherlich notwendigen gesetzlichen Regelungen – wieder Bewegung in dieses wichtige Fachgebiet gebracht. Die Vision, das Automobil so sicher wie die Eisenbahn zu machen, gilt es nun zu verwirklichen.

Schrifttum

[1] *Seiffert, U., Walzer, P.:* Automobiltechnik der Zukunft. Düsseldorf: VDI-Verlag 1989.

[2] Gesetz über den Verkehr mit Kraftfahrzeugen. Reichsgesetzblatt (RGB 2.) vom 3. 5. 1909.

[3] Motor Vehicle Safety Act, Nov. 1966, 15 USC (United States Code). US-Rahmengesetz für Kfz-Sicherheitsgesetze.

[4] Sicherheitsvorschriften der Europäischen Wirtschaftskommission, basierend auf dem Rahmenabkommen von 1958 zwischen den europäischen Mitgliedsstaaten.

[5] Direktive der Europäischen Gemeinschaft (EG), gestützt auf den Vertrag zur Gründung der Europäischen Wirtschaftsgemeinschaft, insbes. auf Artikel 100.

[6] *Barényi, B.:* Das Prinzip des gestaltfesten Fahrerraumes. Dt. Bundes-Pat. 854 157 (1952).

[7] *Caroselli, M.:* Crashtest: Muß ein Seitenaufprall so gefährlich sein? ADAC-Motorwelt 1990, H. 11, S. 14–17.

[8] IIHS (Insurance Institute for Highway Safety) Occupant Death Rates by Cars Series. Statusreport 24, Arlington, Virginia: 1989.

[9] *Gustavsson, H.,* u. a.: Das Sicherheitsniveau im Pkw. Personenverletzungsgefahr in verschiedenen Automodellen. Göteborg: Folksams Verkehrssicherheitsforschung 1985.

[10] FARS (Fatal Accident Reporting System), Nationale Datenbank zur Unfalldatenerhebung in den US-Bundesstaaten durch interdisziplinäre Fachgruppen, gefördert von der NHTSA.

[11] Verkehr, Fachserie 8, Reihe 7, Verkehrsunfälle. Wiesbaden: Statistisches Bundesamt 1990.

[12] Prüfvorschrift nach SAE J941 (Society of Automotive Engineers): Motor Vehicle Driver's Eye Range. Oktober 1985.

[13] Prüfvorschrift nach SAE J902: Passenger Car Windshield Defrosting Systems. Oktober 1984.

[14] US-FMVSS-No. 105 (Federal Motor Vehicle Safety Standard) Hydraulic Brake Systems. September 1989.

[15] Amtsblatt der EG, Richtlinie 71/320: Rechtsvorschriften der Mitgliedsstaaten über die Bremsanlagen bestimmter Klassen von Kraftfahrzeugen und deren Anhängern an den technischen Fortschritt. März 1988.

[16] *Richter, B.* Schwerpunkte der Fahrzeugdynamik. Fahrzeugtechnische Schriftenreihe. Köln: Verlag TÜV Rheinland 1991.

[17] *Brühning, E., Findel, K.-U.:* Unfallrisiken im Straßenverkehr Europas. TU Braunschweig 1988.

[18] Verkehr in Zahlen. Wiesbaden: Statistisches Bundesamt 1989, 1990.

[19] AAAM (American Association for Automotive Medicine) The Abbreviated Injury Scale, 1980 Revision.

[20] *Swearingen, J. J.:* Tolerances of the Human Face to Crash Impact. Die Widerstandsfähigkeit des menschlichen Gesichtes gegen Stöße bei Unfällen. Federal Aviation Agency, Juli 1965, Report-No. AM 65-20, Oklahoma City, Oklahoma.

[21] *Patrick, L. M.,* u. a.: Survival by Design − Head Protection. 7th Stapp Car Crash Conference 1973, Oklahoma City, Oklahoma.

[22] *Fiala, E., Clemens, H.-J., Burow, K.:* Verletzungsmechanik der Halswirbelsäule. Technische Universität Berlin, März 1970, Forschungsbericht.

[23] Prüfvorschrift nach SAE J 921: Motor Vehicle Instrument Panel Laboratory Impact Test Procedure − Head Area. November 1971.

[24] US-FMVSS-No. 301: Fuel System Integrity.

[25] *Seiffert, U., Scharnhorst, T.:* Die Bedeutung von Berechnungen und Simulationen für den Automobilbau. VDI-Bericht 699. Düsseldorf: VDI-Verlag 1988.

[26] *Wester, H., Scharnhorst, T.:* Simulation des Insassenverhaltens; Vergleich Berechnung − Messung. VDI-Bericht 699. Düsseldorf: VDI-Verlag 1988.

[27] *Richter, B.,* u. a.: Entwicklung von Pkw im Hinblick auf einen volkswirtschaftlich optimalen Insassenschutz. Abschlußbericht BMFT, gefördert vom Bundesminister für Forschung und Technologie, 1984.

[28] *Danner, M., Appel, H., Schimkat, H.:* Entwicklung kompatibler Fahrzeuge. Abschlußbericht VW/HUK/TU Berlin 1980.

[29] *Beermann, H.-J., Staisch, A.:* Aufpralluntersuchungen mit vereinfachten Strukturmodellen. Vortragsausdrucke der 4. IfF-Tagung, Braunschweig, Juni 1982.

Sachwörterverzeichnis

Farbbildteil

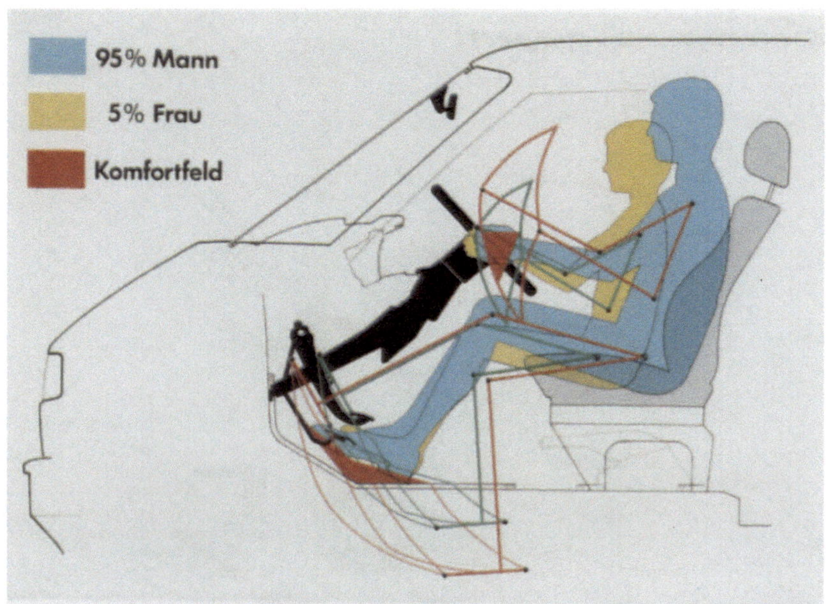

Bild 9. Ergonomisch optimale Betätigungsfelder für Lenkrad und Pedalerie sowie Bewegungsverlauf beim Ein- und Aussteigen des VW-Transporters.

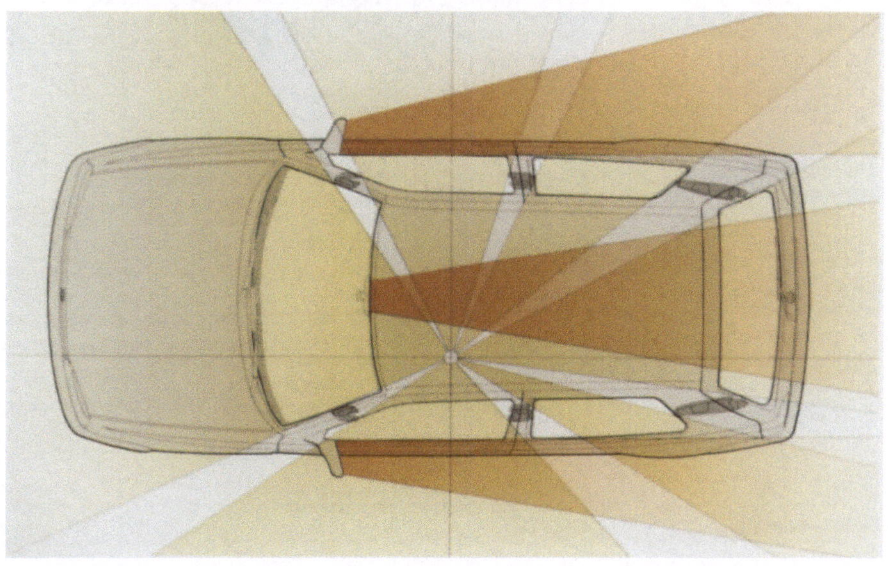

Bild 11. Sichtverhältnisse durch Innen- und Außenspiegel sowie Verdeckung durch A-, B- und C-Säulen beim VW Golf.

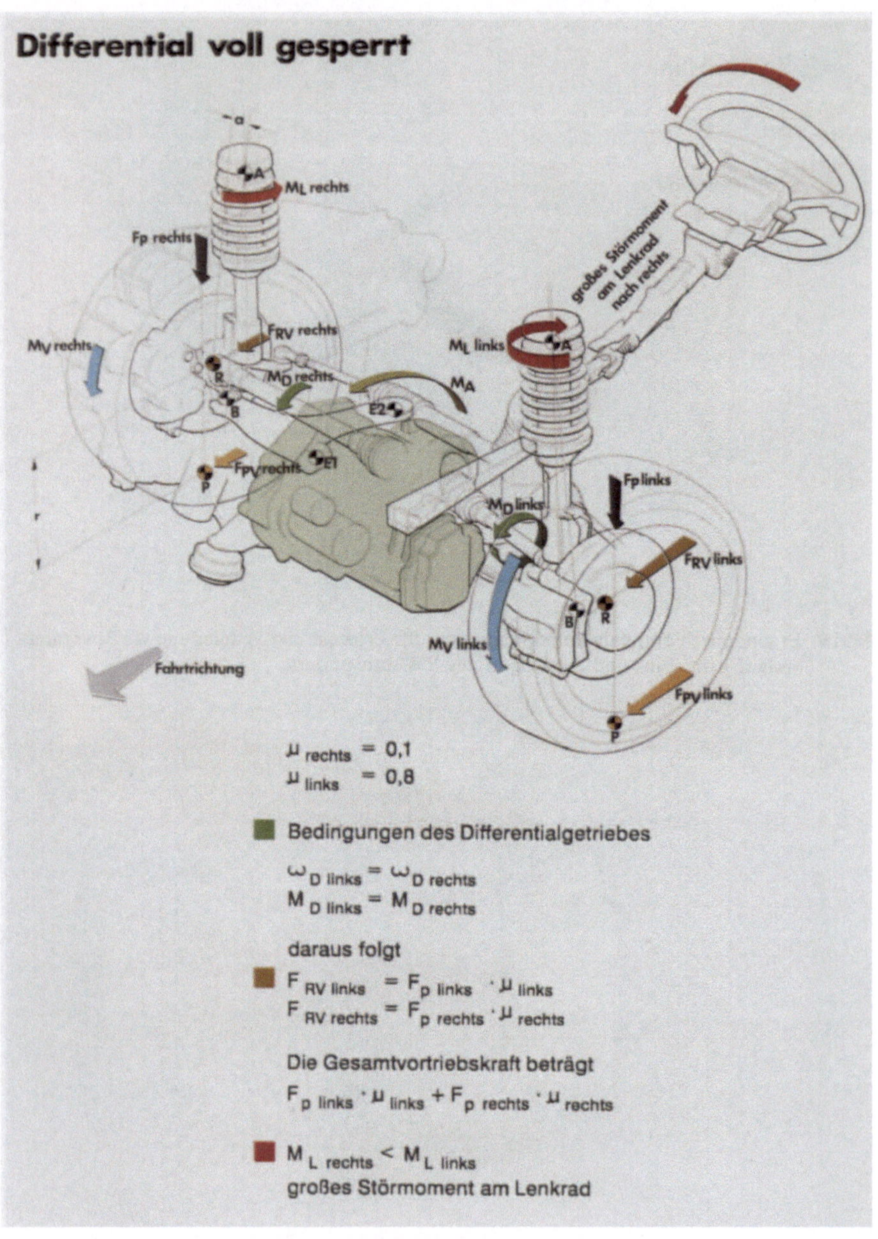

Bild 13. Prinzipielle Auslegung und Funktionsweise einer elektronischen Differentialsperre (Volkswagen).

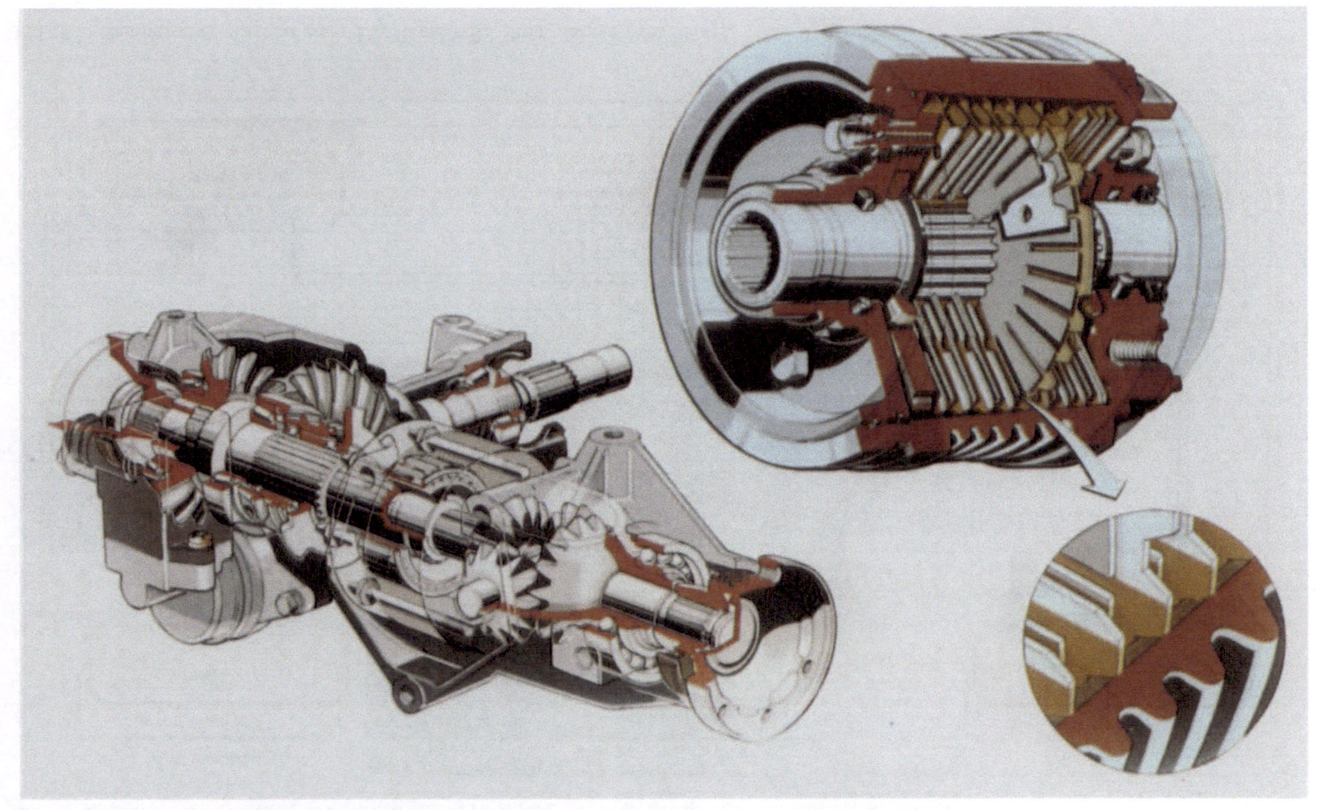

Bild 16. Viscokupplung und Hinterachsdifferential mit integriertem Freilauf (VW Golf und VW Passat).

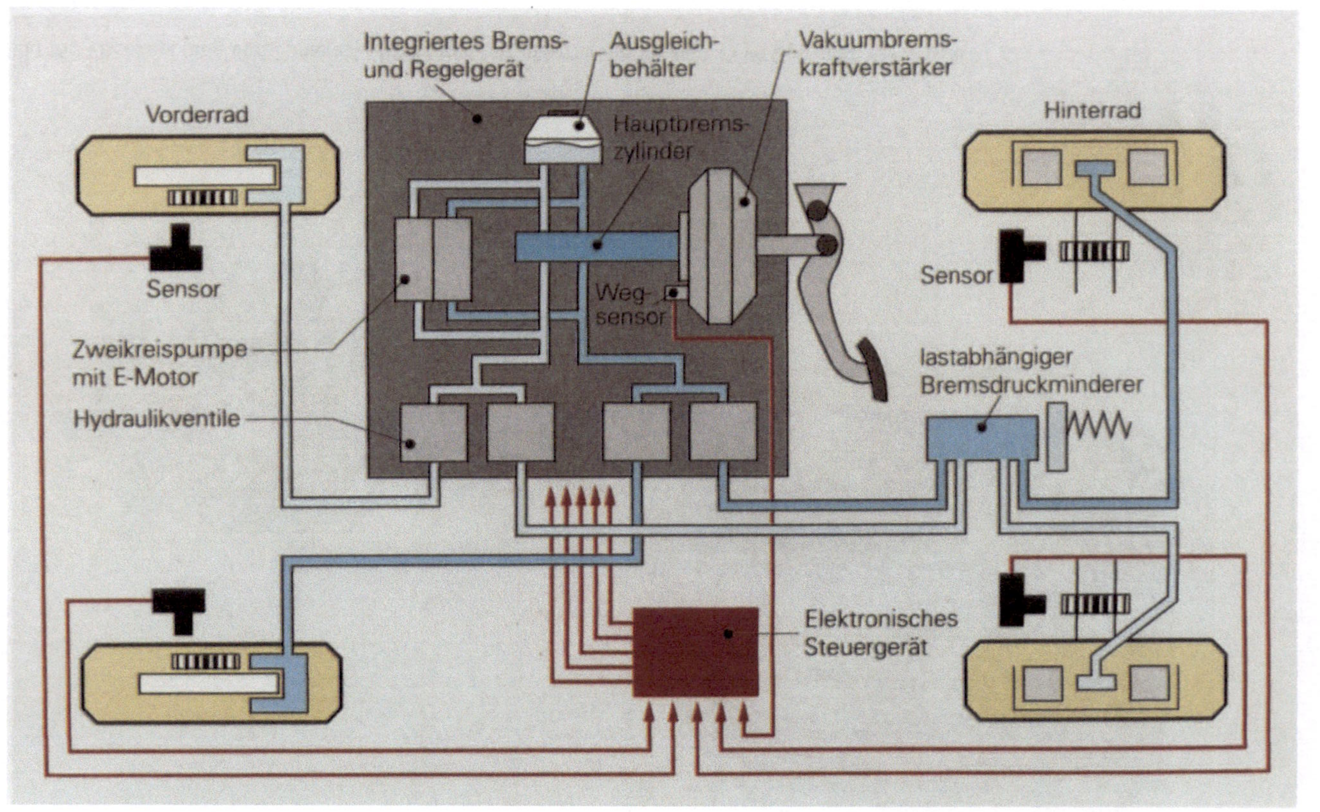

Bild 19. Schematischer Aufbau einer Dreikanal-ABS-Bremsanlage (VW Golf).

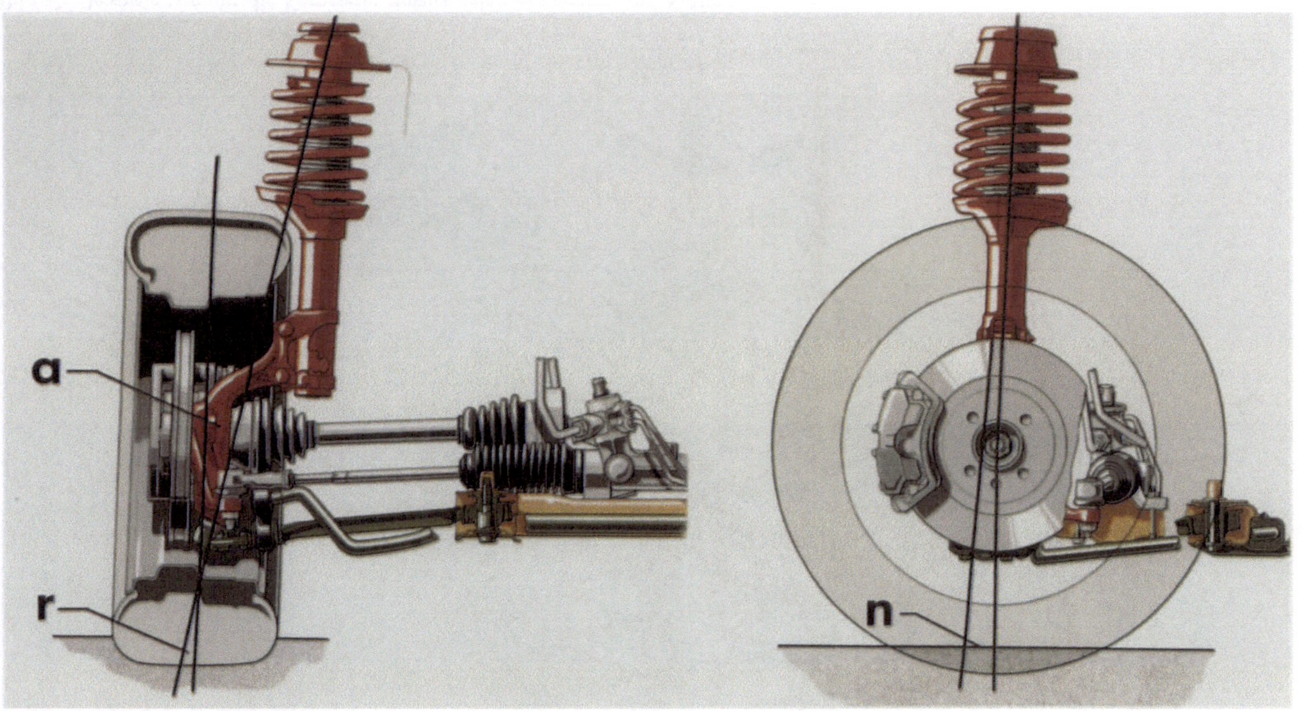

Bild 22. Plusachse des VW Golf.

Verminderter Störkrafthebelarm a; bei jeder Reifengröße negativer Lenkrollradius r, vergrößerter Nachlauf n.

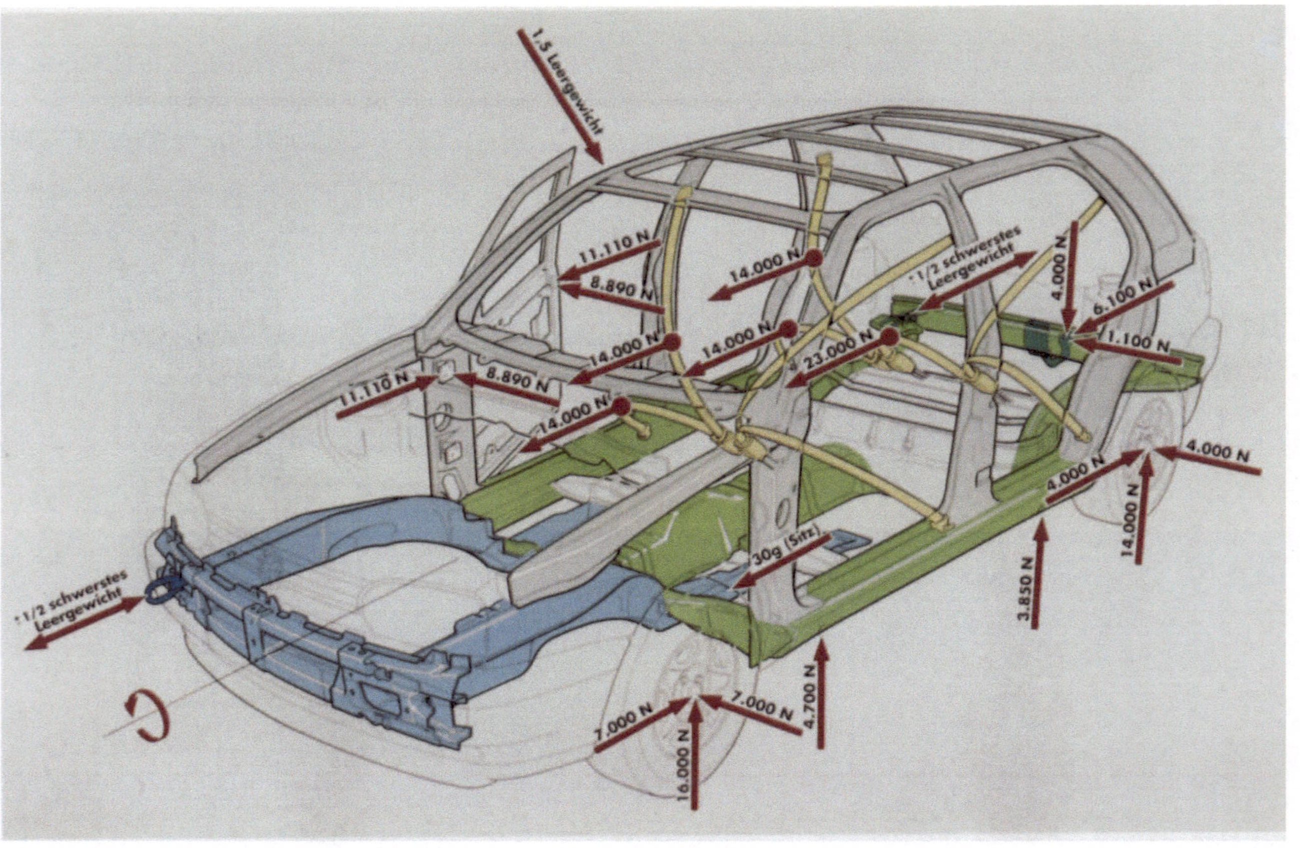

Bild 42. Beispiele von auf die Karosserie einwirkenden Momenten und Kräften.

Drehmoment in diesem Beispiel: $M_\mathrm{d} = 5200\ \mathrm{N \cdot m}$.

Bild 55. Einrichtung zur Überprüfung der Dichtheit der Tankanlage nach Unfallsimulationsversuchen.

Bild 56. Ausgangskonfiguration vor einem Überschlagversuch.

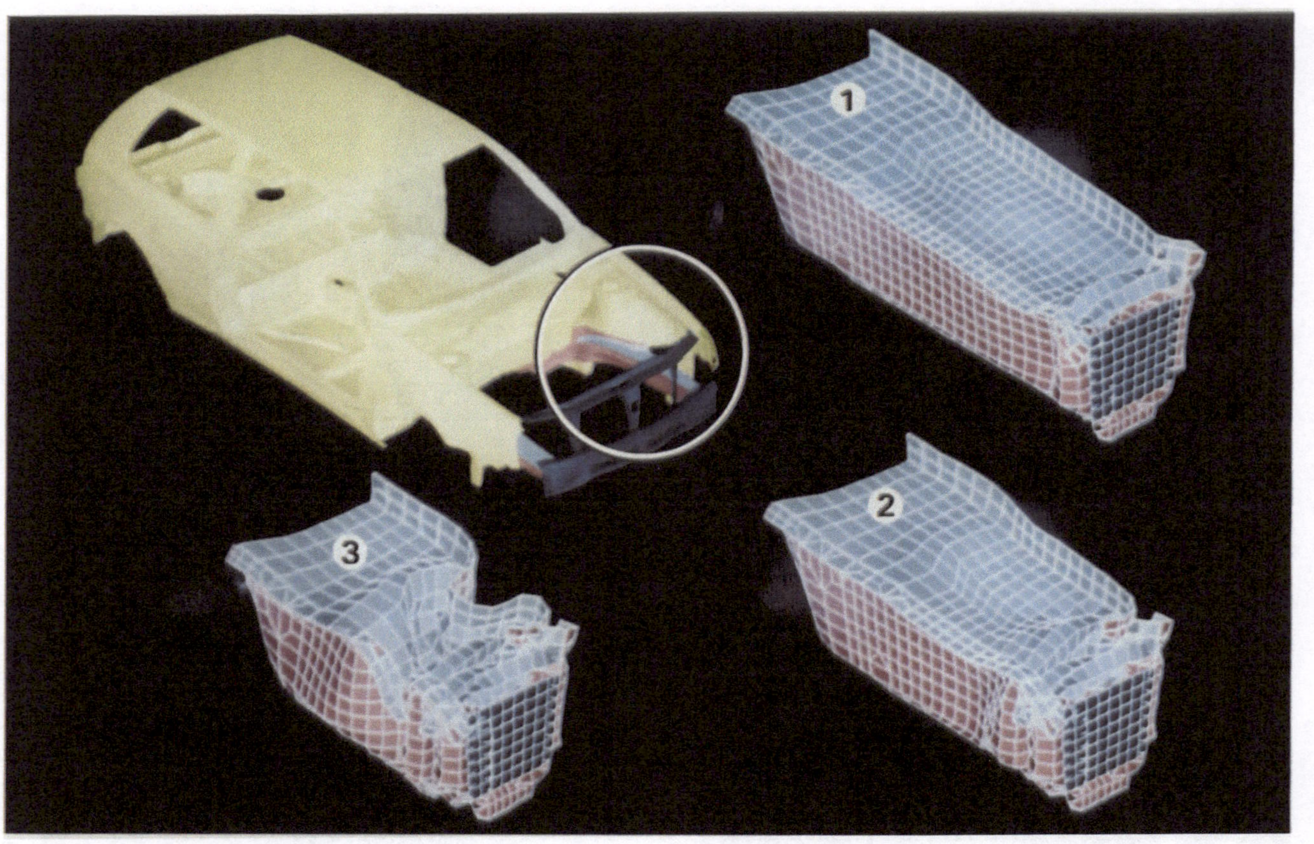

Bild 59. Finite-Element-Struktur eines Fahrzeuges (Längsträgerdeformation im Detail dargestellt).

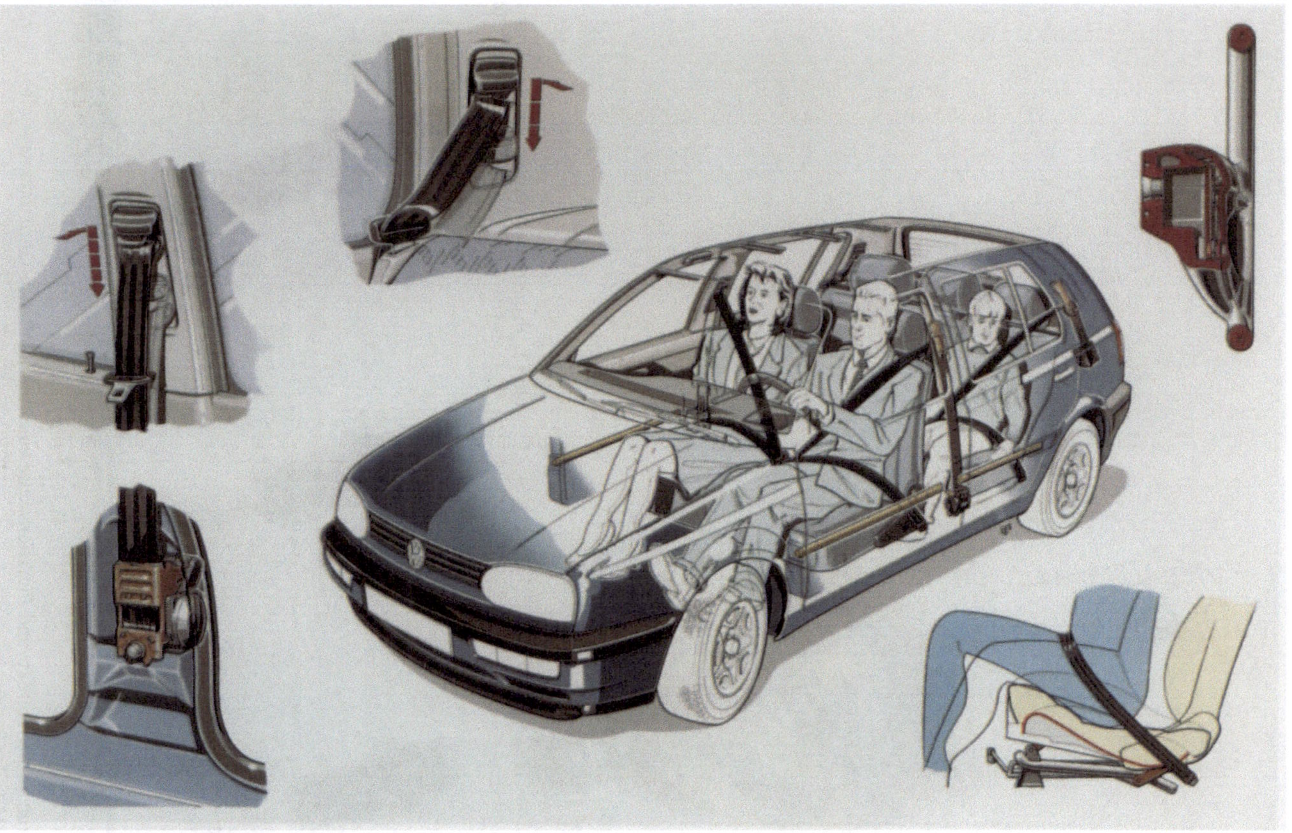

Bild 62. Konstruktive Ausführung einer Gurthöhenverstellung auf den vorderen und hinteren Sitzplätzen (VW Golf).

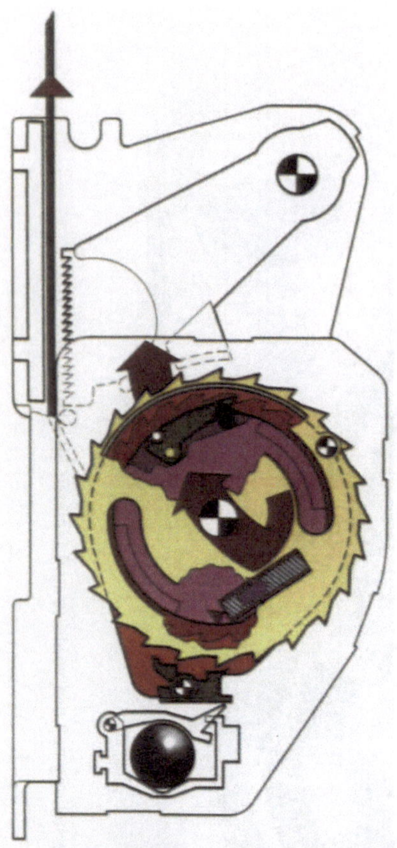

Bild 63. Prinzipieller Aufbau und Funktionsweise eines Gurtklemmers (VW Golf).

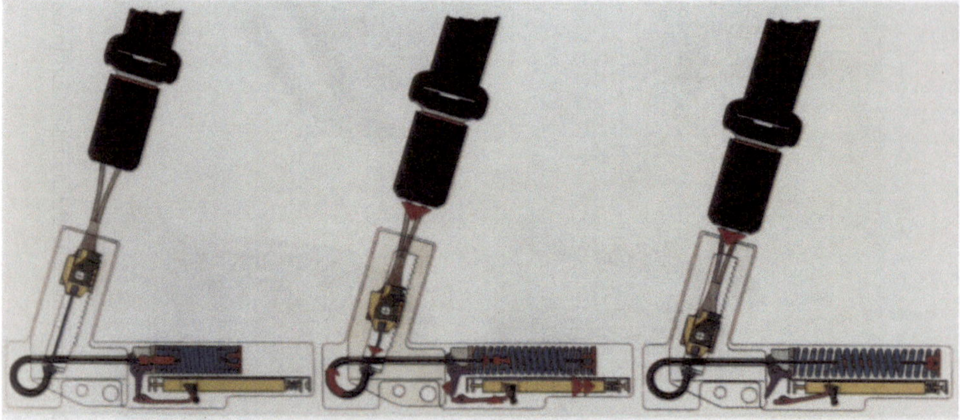

Bild 64. Prinzipieller Aufbau und Funktionsweise eines mechanischen Gurtstrammers
(BMW 3er-Serie).

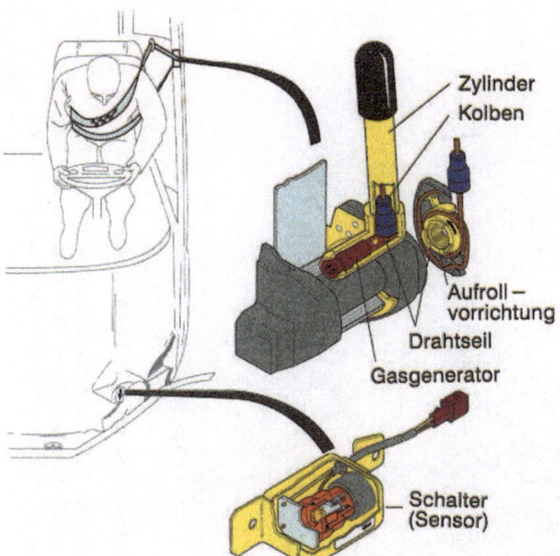

Bild 65. Anordnung und Funktionsweise eines pyrotechnischen Gurtstrammers (VW Passat).

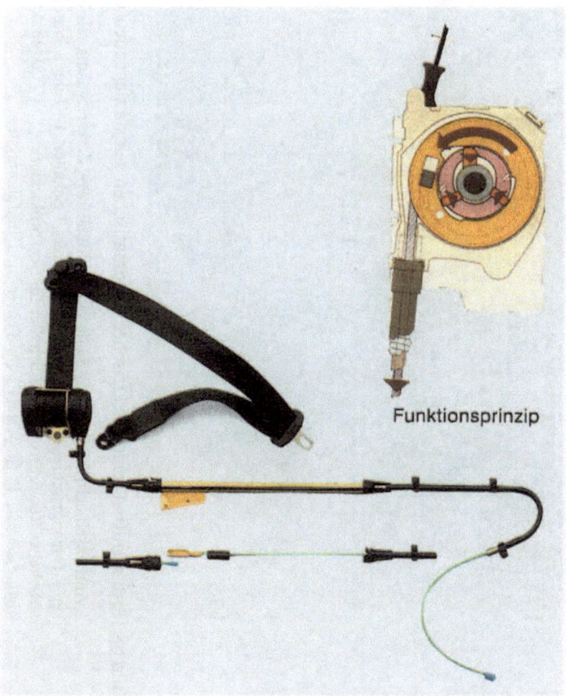

Bild 66. Aufbau und Funktionsweise eines mechanischen Gurtstrammers (System Audi-Ten).

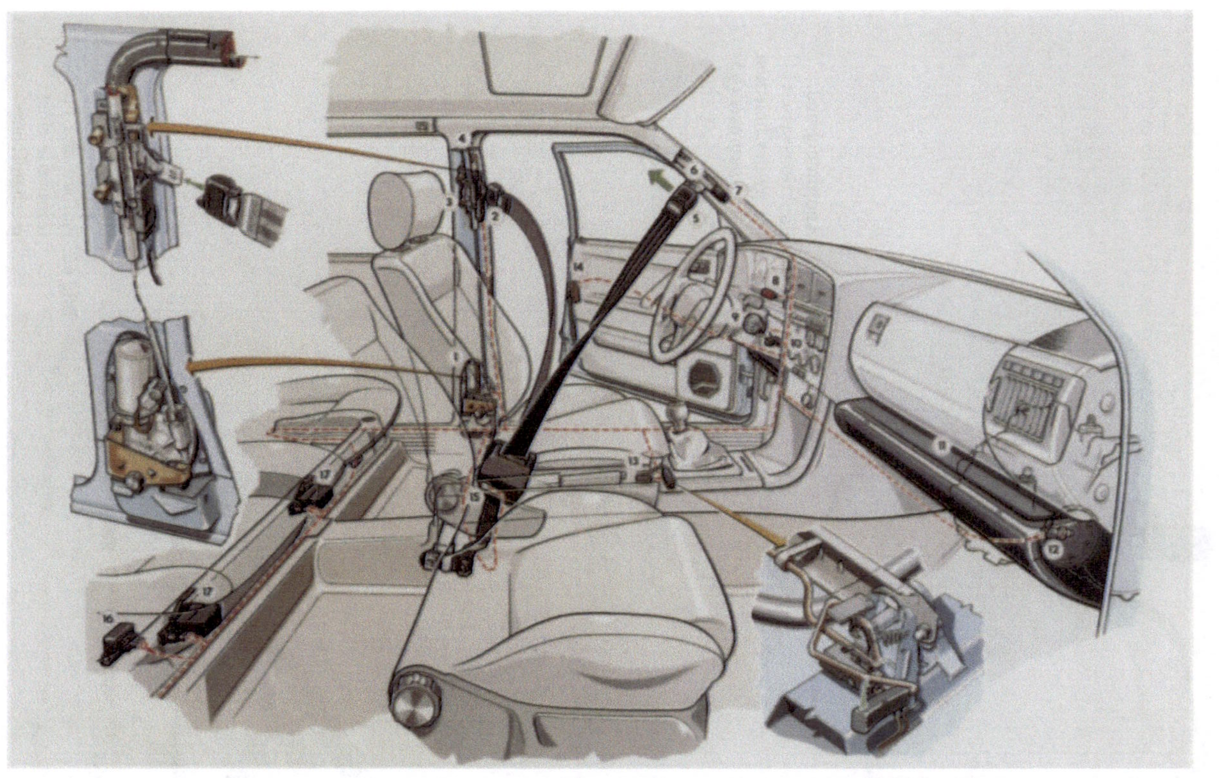

Bild 68. Prinzipaufbau eines elektrischen automatischen selbstanlegenden Gurtrückhaltesystems (VW Passat).

1 Antriebseinheit; 2 Schalter B-Säule mit Schloßabfrage; 3 Verriegelung mit Notstecklasche, Deformationselement und Verriegelungsklinke; 4 Transportschiene; 5 Gurtschloß; 6 Gleiter; 7 Schalter A-Säule; 8 Warnleuchte; 9 Zündanlaßschloß; 10 Warnrelais; 11 Kniepolster; 12 Schalter Rückwärtsgang; 13 Schalter für Sensorblockierung; 14 Türkontaktschalter; 15 Retraktor mit Sensordeblockierung; 16 Beschleunigungssensor; 17 Steuerrelais für Fahrer- und Beifahrersystem

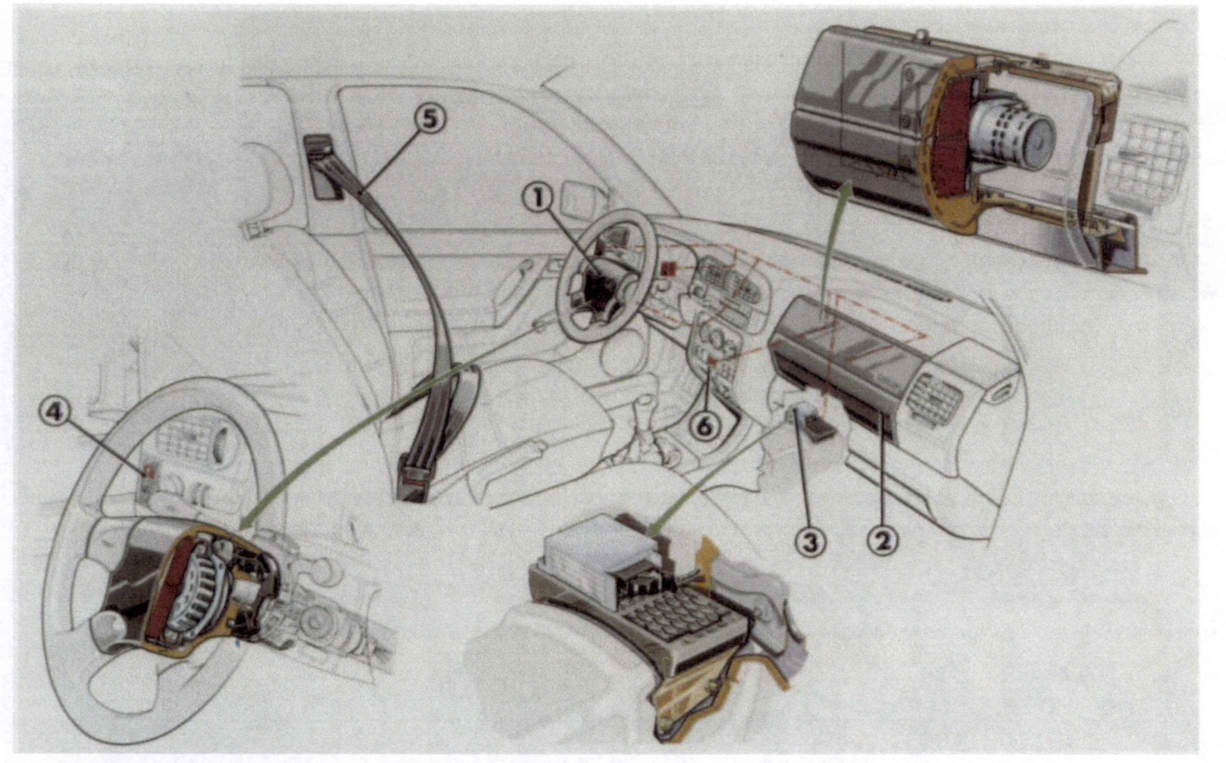

Bild 70. Hauptkomponenten eines modernen Airbag-Systems. Kombiniertes System für Zusammenwirken von Airbag und Dreipunktgurt (Volkswagen).

1 Fahrermodul; 2 Beifahrermodul; 3 Steuergerät mit Sensor; 4 Ausfallwarnlampe; 5 Sicherheitsgurt; 6 Diagnoseanschluß

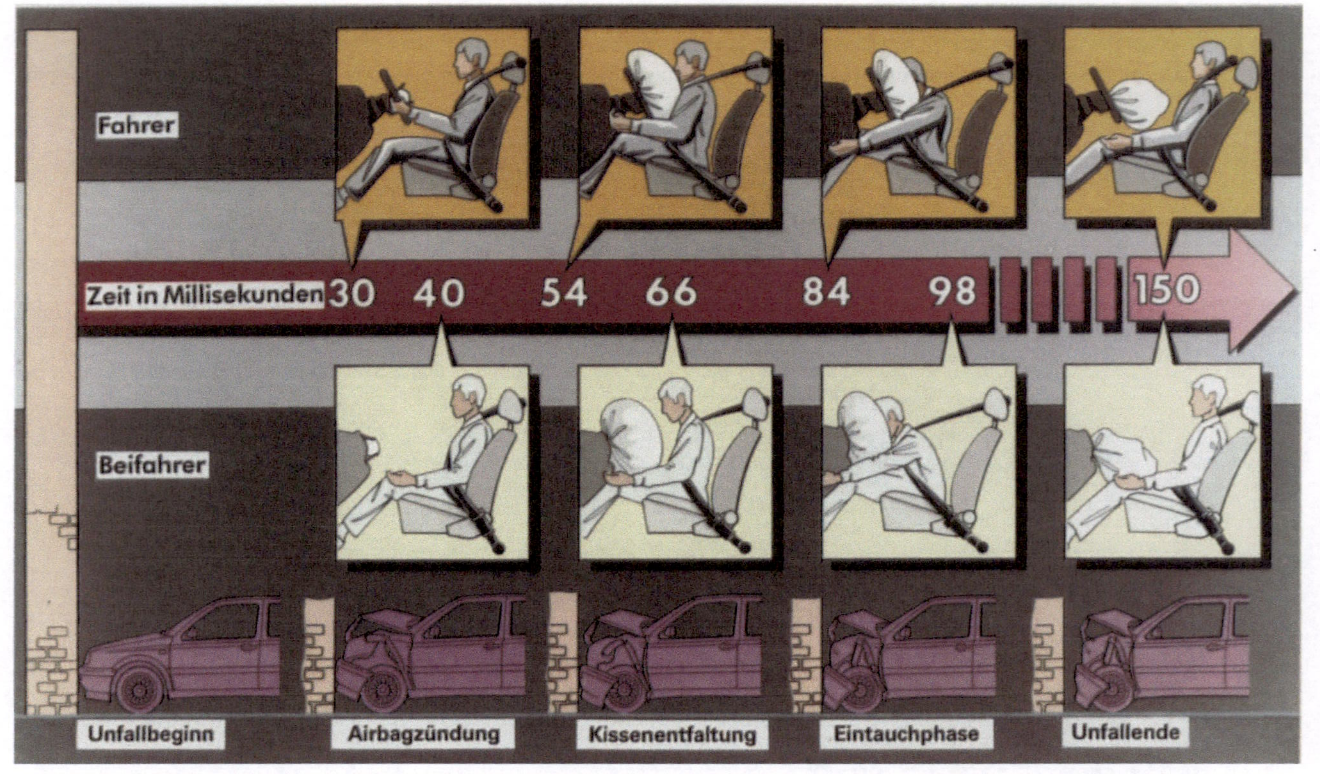

Bild 71. Zeitlicher Ablauf und Schutzwirkung eines Rückhaltesystems aus Dreipunktgurt und Airbag im Frontalaufprall (Fahrer und Beifahrerseite).

Bild 90. Energieumsetzungsvermögen von Längsträgern verschiedener Querschnitte

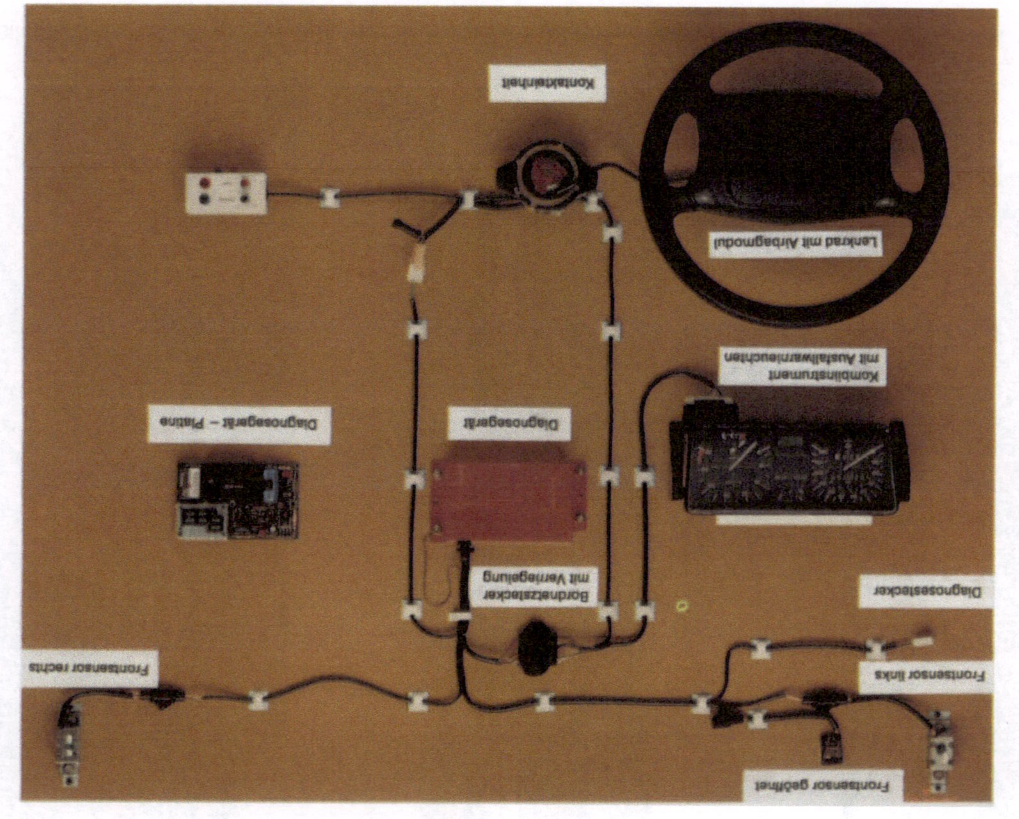

Bild 72. Hauptkomponenten eines Airbag-Systems.

Singuläres System, d.h. nur Airbag als Rückhaltesystem (Volkswagen).